JN297073

反応工学

草壁克己・増田隆夫

共　著

三共出版

はじめに

　最近の学生や若い研究者はインターネット，パソコンを器用に使いこなすことができ，使い勝手のいいソフトウエアがあれば，簡単なプロセス設計ができてしまう時代である。ところが，彼らにソフトウエアの中の単位操作についての基本的な考え方について質問をしてみると，良く理解できていないという経験が増えてきた。アナログの時代には，原理や原則がよくみえていたものが，デジタルの時代となって，あらゆるものがブラックボックス化しているのではないだろうか。そこで，本書は原点に立ち返って基本的な考え方をしっかりと身につけることができるように心がけて執筆をした。

　本書は，大学や高専の化学関連学科で，反応工学をはじめて学ぶ学生を対象とした入門書である。近頃では，工学系の技術領域間の垣根は低くなっており，将来，複合・融合分野で活躍できる人材が求められている。たとえば，化学系の学生が工学の基礎学問として機械工学や電気工学などの基礎を学ぶことが奨励されるように，他分野の学生が基礎化学と共に反応工学，特に物質収支や熱収支の考え方を理解することが望まれる。したがって，本書は他分野の学生や技術者が反応工学を自力で学習するための参考書として役立つと思う。

　本書は全20章からなっており，学部の教科書として使用する場合には，半年で第1章から第14章までを学ぶことで反応器設計の基礎が身につく。場合によっては，いくつかの章をまとめて講義し，第15章以降を学ぶことができる。第1章から第4章は反応工学からみた反応器，化学反応，反応速度について説明した。第5章と第6章は反応器設計に必要な反応率を定義し，それを用いて反応に伴う装置内の濃度変化を表すこと，第7章は物質収支，第8章は反応器の分類について説明した。第8章までの内容をしっかりと身につけることで，第9章から第14章までの反応器設計の理解が確実になると思われる。文章で説明するよりも問題として考えたほうが身につくと思われる内容は例題としたので，読み飛ばさないようにしていただきたい。また，基礎式からの式の導出をできるだけ丁寧に行い，得られた結果として重要な式については色をつけることにした。また，得られた式がどのような意味を持つかについては図表で整理した。自習できる参考書としての利用を考えて，4章毎に演習問題をつけ，巻末にはヒントと解答を与えているのでヒントを利用して解答にたどりついてほしい。

　本書の出版にあたって，石山慎二氏を始め，三共出版の方々に編集などでいろいろとお世話していただいたことを心より感謝いたします。

2010年1月　草壁　克己
増田　隆夫

目次

第1章 反応器設計の目的
- 1-1 均相系反応器 ... 2
- 1-2 異相系反応器 ... 3
- 1-3 固定層反応器 ... 4
- 1-4 流動層反応器 ... 4
- 1-5 移動層反応器 ... 5
- 1-6 膜型反応器 ... 6
- 1-7 マイクロリアクター ... 6
- 1-8 反応器の設計 ... 7

第2章 化学反応の分類
- 2-1 化学反応式の記述 ... 8
- 2-2 単一反応と複合反応 ... 9
- 2-3 可逆反応と不可逆反応 ... 9
- 2-4 均一反応と不均一反応 ... 10
- 2-5 等温と非等温の反応操作 ... 11

第3章 反応速度式
- 3-1 化学反応式 ... 12
- 3-2 反応速度 ... 13
- 3-3 反応速度と反応次数 ... 14
- 3-4 反応速度定数の単位 ... 15
- 3-5 反応速度を支配する反応温度 ... 16

第4章 反応場と反応速度
- 4-1 不均一系における反応速度 ... 18
- 4-2 不均一系における速度式 ... 20

演習問題 —第1章 第4章— ... 23

第5章 反応率について
- 5-1 反応率 ... 24
- 5-2 収率 ... 26
- 5-3 選択率 ... 26

第6章 反応に伴う濃度変化
- 6-1 液相反応に伴う濃度変化 ... 28

目次

  6-2 気相反応に伴う濃度変化 ……………………………………………… 30

第7章 反応を伴う物質収支
  7-1 蓄積速度 ………………………………………………………………… 34
  7-2 反応による消失速度 …………………………………………………… 37

第8章 流体の流れと反応器
  8-1 回分操作と連続操作 …………………………………………………… 41
  8-2 押し出し流れと完全混合流れ ………………………………………… 42
  8-3 反応器の分類 …………………………………………………………… 44

演習問題 ―第5章〜第8章― ……………………………………………………… 46

第9章 回分反応器の設計
  9-1 定容系の回分反応器の設計方程式 …………………………………… 48
  9-2 定圧系の回分反応器の設計方程式 …………………………………… 50

第10章 管型反応器の設計
  10-1 管型反応器の物質収支 ……………………………………………… 51
  10-2 管型反応器の設計方程式 …………………………………………… 53

第11章 連続槽型反応器の設計
  11-1 連続槽型反応器の設計方程式 ……………………………………… 56
  11-2 直列に連結した連続槽型反応器 …………………………………… 57

第12章 反応器の比較
  12-1 数値積分から求めた空間時間 ……………………………………… 59
  12-2 混合と反応 …………………………………………………………… 61
  12-3 反応器の連結による空間時間制御 ………………………………… 62

演習問題 ―第9章〜第12章― …………………………………………………… 64

第13章 反応速度解析
  13-1 回分反応器を用いた反応速度解析 ………………………………… 65
  13-2 連続反応器を用いた反応速度解析 ………………………………… 67

第14章 複合反応における反応器設計
  14-1 並列反応の濃度変化 ………………………………………………… 69
  14-2 逐次反応の濃度変化 ………………………………………………… 71
  14-3 可逆反応の濃度変化 ………………………………………………… 72

第15章 流体混合モデル
  15-1 滞留時間分布関数 …………………………………………………… 74
  15-2 インパルス応答法 …………………………………………………… 75

15-3　理想流れの滞留時間分布 …………………………………………… 77
　15-4　混合拡散モデル ………………………………………………………… 78
　15-5　混合拡散モデルを用いた反応器設計 ……………………………… 80
　15-6　槽列モデル ……………………………………………………………… 81

第16章　非等温反応器の設計
　16-1　熱収支 …………………………………………………………………… 83
　16-2　非等温回分反応器の設計 …………………………………………… 84
　16-3　断熱方式における非等温回分反応器の設計 …………………… 85
　16-4　非等温管型反応器の設計 …………………………………………… 86
　16-5　非等温連続槽型反応器の設計 ……………………………………… 87
　16-6　非等温連続槽型反応器の熱的安定性 ……………………………… 88

演習問題 ―第13章～第16章― ……………………………………………… 90

第17章　反応と物質移動
　17-1　気液反応の解析 ………………………………………………………… 93
　17-2　気固反応の解析 ………………………………………………………… 97
　17-3　未反応核モデル ………………………………………………………… 98

第18章　気固触媒反応の移動速度
　18-1　触媒反応の反応速度 …………………………………………………… 101
　18-2　固体粒子と流体間の物質移動 ……………………………………… 102
　18-3　触媒粒子内の物質移動 ……………………………………………… 103

第19章　固体触媒内の反応
　19-1　触媒粒子内の気体の濃度分布 ……………………………………… 106
　19-2　触媒有効係数 …………………………………………………………… 108
　19-3　触媒有効係数の推定法 ……………………………………………… 110
　19-4　触媒反応速度 …………………………………………………………… 111
　19-5　固定層触媒反応器の設計 …………………………………………… 111

第20章　触媒劣化の反応工学
　20-1　触媒劣化機構 …………………………………………………………… 113
　20-2　触媒劣化時の反応速度 ……………………………………………… 114
　20-3　固定層触媒反応器の設計 …………………………………………… 115

演習問題 ―第17章～第20章― ……………………………………………… 117

ヒントと解答 …………………………………………………………………………… 119
索　　引 ………………………………………………………………………………… 125

第 1 章 反応器設計の目的

　化学工学は化学工業と共に発展をとげてきたが，この学問体系の応用分野はバイオプロセス，半導体プロセス，製鉄プロセスなどさまざまな産業へと拡張しつつある。一方では，化学工学の手法は地球環境問題の解決手法としても利用されている。反応はどこで起こり，反応器として何を採用するかと考えると，例えばバイオの分野では1個の細胞を反応器とし，地球温暖化の問題では地球の大気圏と水圏を含めた場を反応器として考えることになろう。本書では主に化学工業で用いられる反応器を対象とした反応工学について取り扱うが，反応工学の考え方は一つの細胞や地球規模の反応器まで応用することができる。

　反応器を形で分類することは重要である。普通は工業用の反応器を見る機会は少ない。日常生活の中で反応器に近いものを考えると，料理に用いる鍋やフライパンがある。鍋料理では食材を鍋に入れて，全体が均一に混ざるように撹拌をして，最後に出来上がった料理を鍋からとりだす。このような反応器を**槽型反応器（Tank reactor）**と呼ぶことができるし，その操作方法は**回分操作（Batch operation）**である。一方，図1-1に示すハニカム触媒からなる装置は自動車の底の部分に取り付けてあり，排気ガスは**触媒（catalyst）**を通過して浄化され，マフラー（消音器）を経て排出されている。このように水道管やガス管のような管あるいはこれらの管を何本も束ねたような反応器を**管型反応器（Tubular reactor）**と呼び，このように流体を連続的に流しながら反応する操作は**連続操作（Continuous operation）**と呼ぶ。本章では反応器の分類につ

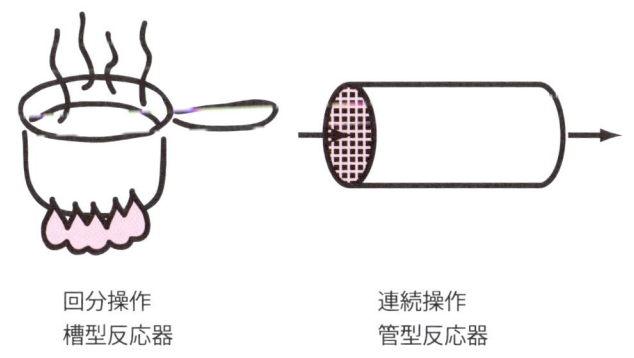

回分操作　　　　　　　連続操作
槽型反応器　　　　　　管型反応器

図 1-1　槽型反応器と管型反応器

いて述べ，さらに実際に工業的に使われている反応器について簡単に紹介する。

1-1 ■均相系反応器

　反応場が気体または液体の均一相である反応器を**均相（Homogeneous phase）系反応器**と呼ぶ．本書の第 16 章までは均相系反応器についての設計方法を学ぶ．

　均相系の管型反応器は，内径に対する長さの比**（アスペクト比 Aspect ratio）**が大きいと，第 8 章で述べる押し出し流れに近くなるため，一般に反応率や選択性が優れている．径が小さすぎると，流動抵抗が大きくなるので入口から出口までの圧力損失が大きくなる．また，入口近傍における反応量が大きいので，大きな発熱を伴う反応では除熱が困難であることが欠点になる．図 1-2 に示すように径が小さい管型反応器では外壁を通しての伝熱形式で十分であるが，径が大きくなると，反応器内部に複数の伝熱管を挿入することになる．反応処理量を増やす目的では，複数の管型反応器を束ねて用いる場合もある．先に述べたハニカム反応器は管型反応器を束ねた形式である．

　槽型反応器は一般には容器と撹拌翼で構成され，液相反応に利用されている．操作は回分操作と連続操作があり，前者は**回分反応器（Batch reactor）**，後者は**連続槽型反応器（Continuous stirred-tank reactor）**と呼ばれる．槽型反応器は混合がよく，容量を大きくすることができる．そのため，発熱量の大きな反応や爆発性のある反応をゆっくりと行うときや，多品種の生産を行う際に，その都度反応条件を変えて操作する場合に適している．回分反応器では原料の供給，反応そして生成物の回収の工程を繰り返して行う．反応中は反応器内の成分の濃度は時間と共に変

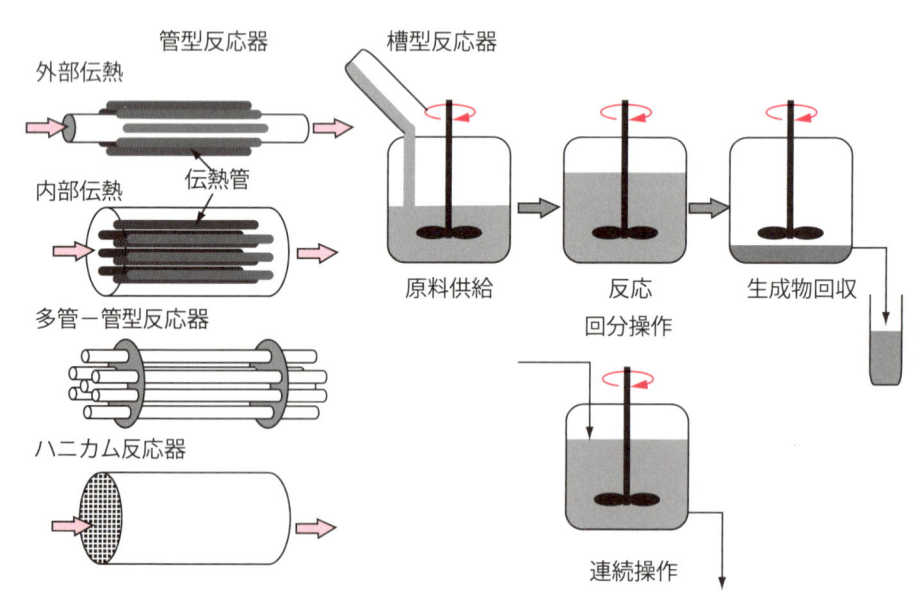

図 1-2　均相系管型反応器と槽型反応器

化する。一方，管型反応器と連続槽型反応器では連続的に操作が行われ，反応器内を流体が流通するので**連続反応器（Continuous reactor）**あるいは**流通反応器（Flow-through reactor）**と呼ぶ。この場合，反応開始からある一定時間経過した後は，連続槽型反応器では反応器内の濃度は時間に無関係に一定であり，管型反応器では反応器の入口から出口にかけて濃度分布を生じるが，時間が進んでも分布は変わらない。

1-2 ■異相系反応器

　反応器に二つ以上の相が存在する反応器を**異相（Heterogeneous phase）系反応器**と呼ぶ。固体と流体との接触を必要とする反応器としては**固定層（Packed bed）**，**移動層（Moving bed）**および**流動層（Fluidized bed）**の反応器がある。気体と液体との反応を取り扱う場合には，どちらの相を連続相にするかによって反応器の形式は大きく異なる。気相を連続相とする場合は分散した液滴を重力で回収することから図1-3に示すように**ぬれ壁塔（Wetted-wall tower）**，**充填塔（Packed tower）**，**スプレー塔（Spray column）**などの塔型反応器となる。一方，液体を連続相にする場合には攪拌槽型あるいは**気泡塔（Bubble column）**が一般的である。気液反応器では気液界面を通しての**物質移動（Mass transfer）**を経て反応が進むので，物質移動を促進させる方法として界面近傍の流体速度を上げることや，気液界面積を増やす工夫をする。気泡塔では，小気泡を発生させるために分散板の形状が重要である。また，流量が小さいときには小気泡が均一に上昇するが，ガス流速が上がると気泡同士が合一して流動状態も大きく変化するので，反応操作にも工夫が必要である。

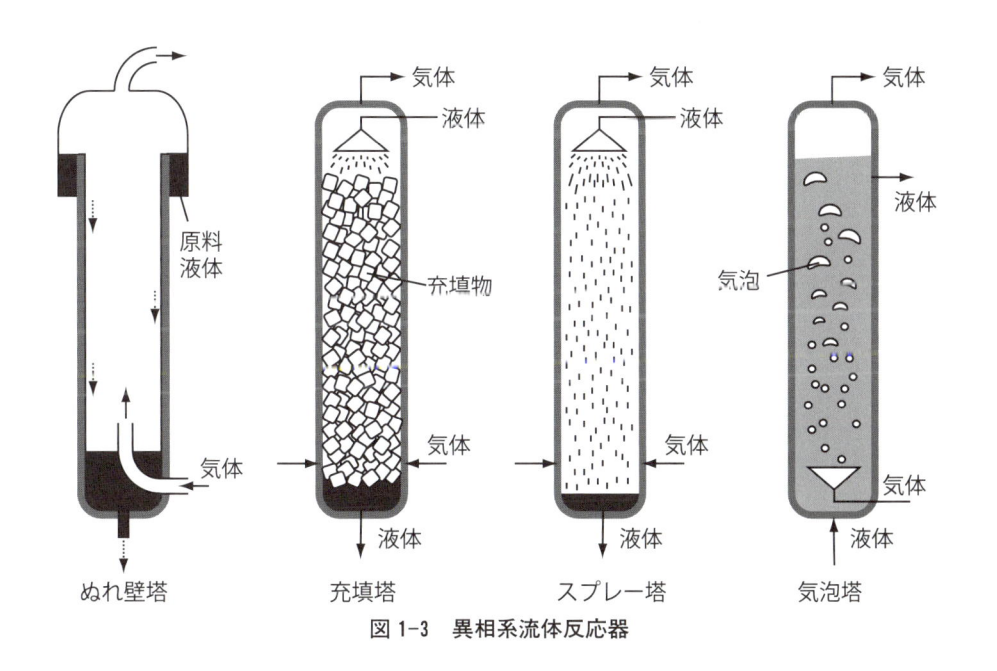

図 1-3　異相系流体反応器

1-3 ■ 固定層反応器

　反応器内に固体粒子を充てんした反応器を**固定層**反応器と呼ぶ．工業化学プロセスでは，多くの反応に**固体触媒（Solid catalyst）**が利用されているので，固定層反応器の重要性は高い．固定層反応器はランダムに充てんした固体粒子の隙間を流体が変形しながら合一したり分岐したりして流れる．そのために固定層反応器は混合性がよく，しかも全体の流れが管型反応器に近いために反応が均一に進むので反応性に優れている．一方，反応器の形状としては**アスペクト比**が小さい槽型のタイプとなる．外部から反応器中心部への伝熱には，流体を通してと固体粒子を通しての伝熱が考えられるが，粒子-粒子間の伝熱速度は遅いので温度分布およびその制御に注意が必要である．そのため図1-2に示すように粒子を充てんするのではなく，**構造体触媒（Structured catalyst）**を利用したハニカム触媒反応器も考えられる．この場合には固定層反応器に比べて圧力損失も小さいので自動車排気ガス浄化のための触媒反応器として使用されている．

1-4 ■ 流動層反応器

　固定層反応器において，流体の速度を上げていくと粒子が流体によって浮遊を始め，固体粒子群が流体のように挙動する．このように粒子の流動化状態を利用した反応器を**流動層**と呼ぶ．液体流動層では液流速を上げても層が均一な状態が長く続くが，気体流動層では，図1-4のように流動化開始から少し流速を上げると気泡が発生する．また，流動性の悪い粒子では，気体の通路

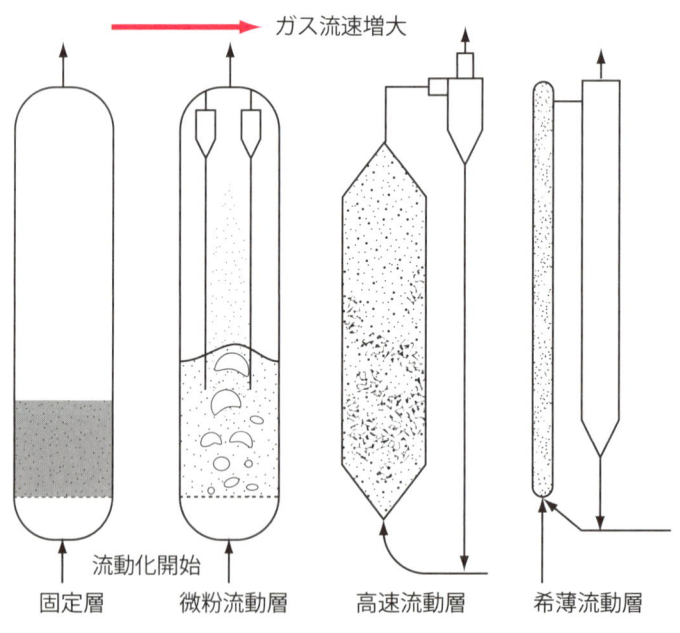

図 1-4　流動層反応器

（チャンネル）が生じ，これを**噴流層（Spouted bed）**反応器として利用することがある。微粉体を高速で運転すると粒子が反応器から飛び出す状態となるので，サイクロンなどで粒子を捕集することで循環操作することができる。これを**高速流動層（Fast fluidized bed）**あるいは**循環流動層（Circulating fluidized bed）**と呼ぶ。流動層反応器は固定層反応器に比べて反応性が劣るが，粒子のハンドリング性が優れているので触媒の交換が容易である。また，触媒の劣化が瞬間的に起こる場合には，反応器と触媒再生器を併設して，二つの装置間を粒子循環させ反応と触媒再生を連続化することが可能になる。また，流動層は反応器内の混合が激しいので伝熱性に優れている。このような特徴を生かして重油の流動接触分解装置や石炭火力発電所の燃焼ボイラーなどに利用されている。

1-5 ■移動層反応器

図 1-5 に示すように充てんした状態の固体粒子を反応装置の下方から抜き出し，不足した分を連続的にあるいは半連続的に上方から粒子を供給すると，固体粒子は充填した形状をほぼ保ちながら下方へ移動する。これが**移動層**反応器である。しかしながら，小型の装置では粒子の抜き出しが困難になる。移動層反応器は触媒が劣化した場合の交換や，固体自身が反応により変化していく場合に用いられている。実用化の例としては鉄の精錬に用いられる高炉や石灰石の焼成炉が

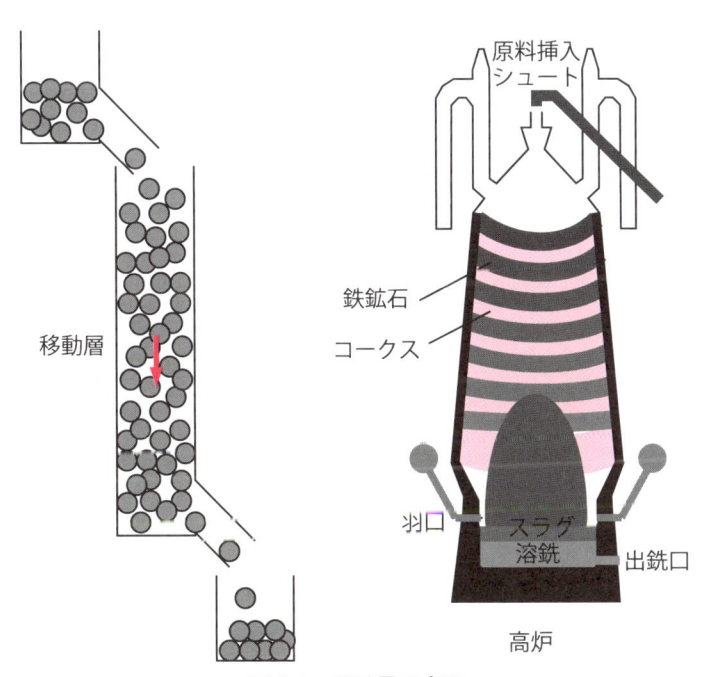

図 1-5　移動層反応器

高炉は鉄鉱石から銑鉄を取り出すための反応器であり，上部は鉄鉱石とコークスの移動層である。溶融した銑鉄は塔底部から取り出される。高炉は大型のものは高さ 100m を超える最大規模の反応器である。

1-6 ■膜型反応器

化学プロセスにおいて反応と共に分離は重要な**単位操作（Unit operation）**である。反応の前段階では原料の分離と精製が，反応後には生成物の分離と精製が重要な役割を果たしている。反応と分離の機能を複合化した操作として反応蒸留，反応吸収などがあるが，ここでは**膜型反応器（Membrane reactor）**について紹介する。膜分離の主役は高分子膜であり海水淡水化や血液透析に用いられている。近年，分離性の高い**無機膜（Inorgaic membrane）**としてシリカ膜やゼオライト膜が開発されている。無機膜は高温で使用できるために触媒反応と組み合わせて利用することができる。図1-6は平衡反応であるメタンの改質反応に膜型反応器を適用した概略図である。固定層触媒反応器内部に水素選択透過性のシリカ膜を挿入して，水素を触媒反応場から分離することで，反応率が向上し，しかも反応器から直接，高純度の水素を得ることができる。触媒反応のための膜型反応器は開発段階であるが，バイオリアクターとして膜型反応器は実用化されている。

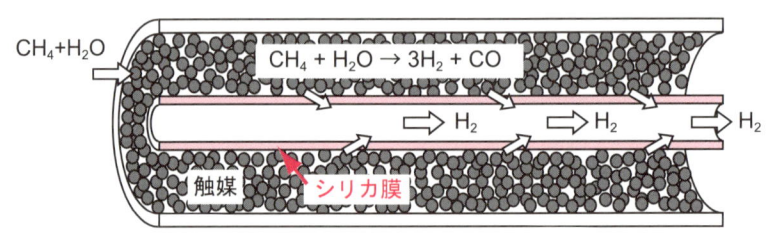

図 1-6　膜型反応器

1-7 ■マイクロリアクター

図1-7に示すようにサイズが1から$1000\mu m$の流路（マイクロチャネル）を持ち，マイクロチャネル内を反応流体が流れる反応器を**マイクロリアクター（Microreactor）**と呼ぶ。微細管型反応器ということもできる。マイクロリアクターは伝熱速度や物質移動速度が大きいことから，危険性の高い反応，発熱が異常に大きい反応への適用が考えられる。また比表面積が大きいことを利用して液滴や触媒の関与する不均一反応系にも適している。また，マイクロリアクターを用いて生産を行う場合には，反応器体積を増やす**スケールアップ（Scale-up）**はできないので，その代りにリアクターを集積化して数を増やす**ナンバリングアップ（Numbering-up）**の手法がとられる。マイクロリアクターの技術開発は最近，急速に広まったものであるが，すでにマイクロ化学プラントによる工業生産が始まっている。

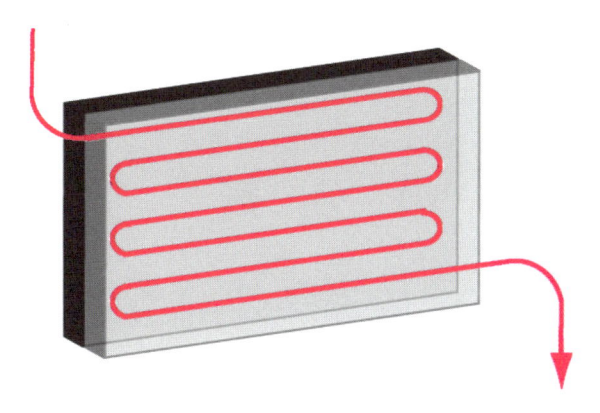

図 1-7　マイクロリアクター

1-8 ■反応器の設計

　実験室で発見した新しい物質，材料あるいは新しい反応ルート，これを工業生産に結び付けるために反応器の設計が必要となる。フラスコやオートクレーブなど実験室にある規模の小さい反応器を，試験用の**パイロットプラント（Pilot plant）**から実プラントとして建設するためには，反応装置の規模を段階的に大型化するスケールアップをしなければならない。大規模生産に適した反応器を設計し，その操作条件を決めるまでが反応器の設計である。また，すでに稼働しているプラントに組み込まれている反応器の操作条件を変更し最適化することも反応器設計の目的の一つである。

　既存の反応器を新しい反応経路にあわせて設計することも重要であるが，その反応に適した革新的な反応器を提案することも必要である。マイクロリアクターのように従来の反応器設計の主目的であったスケールアップからナンバリングアップという新しい手法を用いるとき，反応工学の知識を生かす必要がある。

第 2 章 化学反応の分類

化学の世界では化学反応をそれに関与する物質によって分類するので，有機化学，無機化学，高分子化学として体系化している。そこでは分子と分子の結合の組み換えが問題となるので，周囲の環境（温度，圧力，相，濃度）の影響は大きいが，これらの因子についての定量的な検討は十分ではない。反応工学では，反応器の設計を一つの目的とするのでこれらの条件を十分に考慮しなければならない。そこで，本章では反応器の設計に適した化学反応の分類について考える。

2-1 ■ 化学反応式の記述

化学反応式は，元素記号を用いて物質を表す化学式やイオン式で表記される。一般的には反応前の物質である**反応物（Reactant）**を左側に，反応後の物質である**生成物（Product）**を右側に書く。例えば塩酸と水酸化ナトリウムとを中和させて塩化ナトリウムと水を生成する反応は

$$HCl + NaOH \longrightarrow NaCl + H_2O \tag{2-1}$$

と書き表される。この反応では各成分の物質量は等しいので，化学反応式には数値が表れない。同じ中和反応であっても硫酸と水酸化バリウムを反応させると

$$H_2SO_4 + Ba(OH)_2 \longrightarrow BaSO_4 + 2H_2O \tag{2-2}$$

となり，硫酸や水酸化バリウムの物質量の2倍に相当する水が生成する。このように化学反応における量的な相対関係を示すことを**化学量論（Stoichiometry）**と呼ぶ。このとき化学反応式の係数を**化学量論係数（Stoichiometric coefficient）**と呼び，本書では簡略化して表記するために化学量論式で示される各分子を記号 A，B，C……で表し，化学量論係数を記号 a，b，c……で表す。反応物が A と B，生成物が C と D の場合には

$$aA + bB \longrightarrow cC + dD \tag{2-3}$$

であり，(2-1) 式の反応では $a = b = c = d = 1$ であり，(2-2) 式の反応では $a = b = c = 1$ で $d = 2$ と考えればよい。

2-2 ■ 単一反応と複合反応

（2-1）式や（2-2）式で示された中和反応では，これ以外の化学反応は起こらない。このような場合を**単一反応（Single reaction）**と呼ぶ。メタキシレンを触媒存在下で異性化反応を行うと，オルソキシレンとパラキシレンが生成する。

この反応を記述するには二つの化学反応式が必要であり，一つの反応物から2種類の生成物を生成する**並列反応（Parallel reaction）**である。

ナフタレンの水素化反応のように反応物であるナフタレンに対して2分子の水素が付加するとテトラリン（中間生成物）となり，さらに3分子の水素が付加するとデカリン（最終生成物）にいたる。これを**逐次反応（Consecutive reaction または reaction in series）**と呼ぶ。また，並列反応と逐次反応が組み合わさった**逐次・並発反応（Consecutive-parallel reaction）**がある。これらの反応系は複数の化学反応式によって記述されるので**複合反応（Multiple reaction）**と呼ばれる。

2-3 ■ 可逆反応と不可逆反応

ここまでに述べた反応はいずれも，反応物から生成物の方向に反応（正反応）が進む例である。気相中で水素とヨウ素を反応させるとヨウ化水素が生成するが，ヨウ化水素が高濃度になるとヨウ化水素から水素とヨウ素を生成する逆方向の反応（逆反応）が同時に起こる。

$$H_2 + I_2 \rightleftarrows 2HI \tag{2-4}$$

このように正反応と逆反応が同時に起こる反応を**可逆反応（Reversible reaction）**と呼び，正

方向だけ反応が進むときには**不可逆反応（Irreversible reaction）**と呼ぶ。(2-3) 式の反応が可逆反応であるとすると，反応速度式は次式で表わされる。

$$aA + bB \rightleftarrows cC + dD \tag{2-5}$$

反応器に原料 A と B を供給して反応を進行させると，正反応速度 r と逆反応速度 r' が等しくなり，反応はみかけ上止まった状態になる。このような状態を**平衡（Equilibrium）**という。(2-5) 式で表される反応が平衡状態にあるとき，各成分の活量 a_j と**平衡定数（Equilibrium constant）** K との間には，次式が成立する。

$$K = \frac{a_C^c \, a_D^d}{a_A^a \, a_B^b} \tag{2-6}$$

気相反応で成分が理想気体とみなせる場合には気体成分の分圧 p_j を用いて，圧力基準の平衡定数 K_p を，液体反応では溶液中の溶質濃度 C_j を用いて，濃度基準の平衡定数 K_c をそれぞれ表すことができる。

$$K_p = \frac{p_C^c \, p_D^d}{p_A^a \, p_B^b} \tag{2-7}$$

$$K_c = \frac{c_C^c \, c_D^d}{c_A^a \, c_B^b} \tag{2-8}$$

2-4 ■均一反応と不均一反応

反応工学では，化学反応が起こる反応場に存在する相を基準に反応を分類することが多い。反応が単一の相で起こっている場合を**均一反応（Homogeneous reaction）**と呼び，一般的に均一反応となるのは気体か液体である。表 2-1 には気体および液体の代表としてそれぞれ空気と水の物性を示す。気体の拡散係数が液体に比べて 10^5 倍も異なることは，均一反応を行うとき原料の混合に大きく影響を与える。

反応場に二つ以上の相が存在するときは**不均一反応（Heterogeneous reaction）**と呼び，気液，気固，液固，あるいは気液固の他に，たがいに溶解しない液体同士が接触する液液反応が考えられる。

表 2-1 空気と水との物性比較 (20℃, 101.3 kPa)

	空気	水	(水/空気)比
密度 ρ(kg·m^{-3})	1.20	998	832
粘度 μ(Pa·s)	18.1	1005	55.5
熱伝導度 κ(W·m^{-1}K^{-1})	0.026	0.602	23.2
水素の拡散係数 D(m^2·s^{-1} at 25℃)	0.71 × 10^{-4}	4.06 × 10^{-9}	5.7 × 10^{-5}

2-5 ■等温と非等温の反応操作

　回分反応器において時間と共に反応が進行しても，流体の温度が一定に保たれる場合や，連続反応器において反応器内各位置における反応物質の温度が変わらない場合を**等温（Isothermal）反応操作**と呼ぶ。これに対して温度が時間あるいは位置によって変化する場合を**非等温（Non-isothermal）反応操作**と呼ぶ。

　化学反応が進むと通常は熱を発生または吸収する。反応と共に熱が発生する**発熱反応（Exothermic reaction）**では，外部から熱を供給することなく，逆に発熱が激しい場合には冷却して除熱速度を制御することで等温反応操作が可能になる。一方，**吸熱反応（Endothermic reaction）**では反応を維持するために外部からの熱供給を続けなければならない。大きい発熱や吸熱をともなう反応系では反応器内の温度を一定に維持することが困難になる。

第 3 章 反応速度式

　反応装置の設計を行うためには反応速度式について十分に理解しておく必要がある。第3章では**反応速度（Reaction rate）**の定義を行い，均一系についての**反応速度式（Reaction rate equation）**，**反応速度定数（Reaction rate constant）**および反応速度の温度依存性について学ぶ。不均一系の反応速度および物質移動速度が影響を与える場合の反応速度の取り扱いについてはそれぞれ第4章「反応場と反応速度」と第17章「反応と物質移動」で学ぶ。また，反応器を設計するには目的とする反応の反応速度式を実験的に決定しなければならない。そのためには実験に用いる反応器の特性を十分に理解する必要がある。反応速度を決定するための方法については，反応器の設計方程式を理解した後，第13章「反応速度の解析」で解説する。

3-1 ■ 化学反応式

　反応器の設計を行う場合には，着目する化学反応について反応物と生成物との量的関係を明確にする必要がある。化学反応式が次式で表わされるとき

$$aA + bB \longrightarrow cC + dD \tag{3-1}$$

例えば，この反応が塩酸水溶液と水酸化ナトリウム水溶液との中和反応（$HCl + NaOH \rightarrow NaCl + H_2O$）とすると $a = b = c = d = 1$ であり，プロパンガスの燃焼反応では（$C_3H_8 + 5O_2 \rightarrow 3CO_2 + 4H_2O$）$a=1, b=5, c=3, d=4$ と考えればよい。

　中和滴定を行うときには，量論係数の比があったところが中和点であり，酸，塩基一方の濃度が既知であれば中和点から試料の濃度を決定することができる。化学合成の場合には，このように量論係数の比と同じ原料組成比で反応して原料が完全に消失することは稀であり，いずれかの原料成分が過剰に供給される。このとき，過剰でない反応原料を**限定反応成分（Limiting reactant）**という。

> **例題 3-1**
> 　$A + 3B \rightarrow C + 3D$ で表される液相反応（例えばバイオディーゼル油の合成に用いるトリグリセリドとメタノールのエステル交換反応）をA成分とB成分の初濃度 C_{A0} および C_{B0} が共に 600 mol m^{-3} の条件で行った。反応が完全に進んだ状態ではA成分の濃度はいく

らになるか。反応器の容積は 1 m³ とする。

解答

　反応が完全に進めば A 成分は消失すると考えられるが，実際には反応器の中に存在する A 成分の全量 600 mol が完全に反応するには，化学反応式によると B 成分は A 成分の 3 倍，すなわち 1800 mol が必要である。実際に存在する B 成分は 600 mol なので不足している。

　逆に完全に B 成分が 600 mol が完全に反応すると考えると，A 成分はその 1/3 反応するので，200 mol が消失し，400 mol は未反応のまま反応器に残る。結局 A 成分の最終濃度は 400 mol·m⁻³ である。

解説

　この例題では，A が過剰に供給される成分なので，B 成分が限定反応成分となり，B 成分が消失する反応速度式を用いて反応器の設計に利用する。また，第 5 章で述べる反応率についても限定反応成分 B の反応率を導入することになる。初濃度の比（この例題では $C_{A0}/C_{B0} = 1/1$）を量論係数の比（この例題では a/b = 1/3）で割ったときに，その値が 1 より小さければ A が限定反応成分であり，逆に 1 より大きければ B が限定反応成分である。

3-2 ■反応速度

　均一な流体で反応をするときに，j 成分の**反応速度** r_j は，反応器内の流体の体積 V を基準にして，単位時間 t に生成（あるいは消失）する j 成分の物質量 n_j として次式で定義される。

(3-1) 式の反応物 A については

$$-r_A = -\frac{1}{V}\frac{dn_A}{dt} = -\frac{(消失した A 成分の物質量)}{(体積)(時間)} \tag{3-2}$$

(3-1) 式の生成物 C については

$$r_C = \frac{1}{V}\frac{dn_C}{dt} = \frac{(生成した C 成分の物質量)}{(体積)(時間)} \tag{3-3}$$

(3-2) 式では，A 成分の濃度は時間と共に減少するので dn_A/dt は負の値となり，反応速度 r_A も負の値となる。これを積分して，ある（時間）で（消失した A 成分の物質量）として定義すると，これらは正の値なので，r_A と $(1/V)(dn_A/dt)$ には − の記号をつけて表した。(3-2) 式より r_A の単位は [mol·m⁻³·s⁻¹] である。(3-1) 式で示す化学反応が起こる場合には A から D までの成分が存在するので，反応速度も r_A から r_D まで 4 種類定義できる。このとき r_A と r_B は負の値となり，逆に r_C と r_D は正の値になる。また，(3-1) 式の各項を a で割ると

$$A + (b/a)B \rightarrow (c/a)C + (d/a)D \tag{3-4}$$

となるので，反応速度 r_B は r_A に比べて (b/a) 倍大きい（$r_B = (a/b)r_A$）ので，限定反応成分を A として各成分の反応速度との関係を整理すると次式となる。

第 3 章　反応速度式

$$-r_A = -(a/b)\, r_B = (a/c)\, r_C = (a/d)\, r_D \tag{3-5}$$

例題 3-2

A ＋ B → C ＋ D で表される液相反応を行うために，A 成分および B 成分共に 100 mol を含む原料を用いて，体積 50 m³ の反応器で反応を行った。この反応器は原料を加えた後，加熱，攪拌し，一定時間経過した後に製品を回収する反応器（回分反応器という。詳細は第 9 章で述べる。）である。このとき 2 時間後に，A 成分は反応によって減少し 40 mol となった。この間の平均反応速度 $-r_A$ [mol・m⁻³・s⁻¹] を求めよ。

解　答

反応速度を示す（3-2）式で

　　2 時間で消失した A 分子の物質量は　40 － 100 ＝ －60 mol

　　体積は 50 m³ で，時間は 2 時間を秒にすると　2 × 60 × 60 ＝ 7200 s

となる。したがって

　　平均反応速度　$-r_A = -(1/50)(-60/7200) = 1.67 \times 10^{-4}$ mol・m⁻³・s⁻¹

3-3 ■ 反応速度と反応次数

3-2 で述べたように反応速度 r_j は成分の濃度 C_j や温度 T などに影響され，**反応速度式**はこれらの因子の関数として表される。温度が一定の条件では反応速度式は成分の濃度のべき乗の積として表すことができる。(3-1) 式の化学反応式では A 成分と B 成分の濃度が関係するので，

$$-r_A = kC_A^m C_B^n \tag{3-6}$$

ここで，m ＝ 1，n ＝ 0 のとき，$-r_A = kC_A$ となり，この反応は A 成分の 1 次（1 次反応）であるという。同様に m ＝ 2，n ＝ 0 のとき，$-r_A = kC_A^2$ となり，この場合は 2 次反応である。それでは，m ＝ 1，n ＝ 1 のとき，$-r_A = kC_A C_B$ となるが，この反応は A 成分について 1 次，B 成分について 1 次であるが，全体としては 2 次反応である。m ＝ 0，n ＝ 0 という特殊な場合は $-r_A = k$ で表され，これを 0 次反応と呼ぶ。m と n の値は整数である必要はなく 0.5 次反応や 0.38 次反応という場合がある。また，負の値で －1 次反応である場合には反応に関与する A 成分の濃度が増加すると反応速度が逆に減少することになる。k は**反応速度定数**と呼び，温度の関数である。

例題 3-3

反応器内で A → C の液相反応を行った。この反応の反応速度式は $-r_A = kC_A$ で表される。一定時間反応したあとで反応液を採取し，その濃度を測定したところ，A 成分の濃度 $C_A = 150$ mol・m⁻³，そのときの反応速度 $-r_A$ は 120 mol・m⁻³・s⁻¹ であった。反応速度定数の値を求めよ。

解 答

$-r_A = kC_A$ なので

$k = (-r_A)/C_A = 120/150 = 0.8$

答：反応速度定数 k　$0.8\,\mathrm{s}^{-1}$

3-4 ■反応速度定数の単位

物理化学の分野ではファラデー定数やヘンリー定数などが用いられ，これらの単位はそれぞれ $[\mathrm{C\cdot mol^{-1}}]$ および $[\mathrm{Pa\cdot m^3\cdot mol^{-1}}]$ となる．例えば**理想気体の状態方程式（Ideal gas equation）** は圧力 $P\,[\mathrm{Pa}]$，体積 $V\,[\mathrm{m^3}]$，物質量 $n\,[\mathrm{mol}]$，温度 $T\,[\mathrm{K}]$ の場合，気体定数を R とすると

$$PV = nRT \tag{3-7}$$

あるいは，気体成分の濃度 C は $C = n/V$ なので

$$P = CRT \tag{3-8}$$

となる．この式が成り立つには，当然両辺の単位がそろっていないといけないので，(3-7) 式より気体定数 R の単位は $R = PV/nT$ から，$\mathrm{Pa\cdot m^3\cdot mol^{-1}\cdot K^{-1}}$ であり，その値は $8.314\,\mathrm{Pa\cdot m^3\cdot mol^{-1}\cdot K^{-1}}$ である．次に，反応速度定数の単位について考えてみよう．

1 次反応（$r = kC$）では，k の単位は反応速度の単位 $[\mathrm{mol\cdot m^{-3}\cdot s^{-1}}]$ を濃度の単位 $[\mathrm{mol\cdot m^{-3}}]$ で除するので，$[\mathrm{s^{-1}}]$ となる．2 次反応（$r = kC^2$）では，k の単位は反応速度の単位 $[\mathrm{mol\cdot m^{-3}\cdot s^{-1}}]$ を濃度の単位 $[\mathrm{mol\cdot m^{-3}}]$ の 2 乗で除するので，$[\mathrm{m^3\cdot mol^{-1}\cdot s^{-1}}]$ となる．このように反応速度定数は反応速度式の型によって単位が異なることに注意しなければならない．

例題 3-4

反応速度が 0 次反応および 0.5 次反応のとき，それぞれの反応速度定数の単位はどのようになるか．

解 答

0 次反応は $r = k$ で表されるので，反応速度と反応速度定数の値と単位は等しいので，単位は $[\mathrm{mol\cdot m^{-3}\cdot s^{-1}}]$ である．

0.5 次反応では $r = kC^{0.5}$ なので，反応速度の単位 $[\mathrm{mol\cdot m^{-3}\cdot s^{-1}}]$ を濃度の 0.5 乗の単位 $[\mathrm{mol^{0.5}\cdot m^{-1.5}}]$ で除すると，単位は $[\mathrm{mol^{0.5}\cdot m^{-1.5}\cdot s^{-1}}]$ である．したがって，異なる反応速度式，例えば 1 次反応と 2 次反応から導かれた反応速度定数を比較することは意味がない．

第 3 章 反応速度式

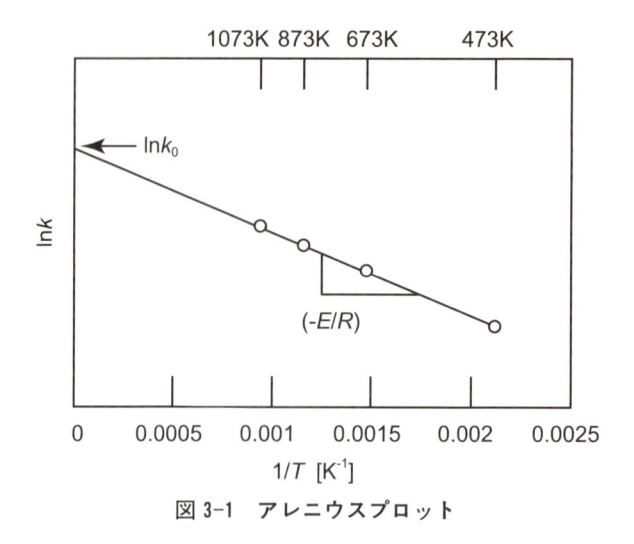

図 3-1 アレニウスプロット

3-5 ■反応速度を支配する反応温度

化学反応の速度は反応温度によって大きく影響される。反応速度の温度変化は (3-9) 式の**アレニウス（Arrhenius）式**で表わされる。

$$k = k_0 e^{-E/RT} \tag{3-9}$$

ここで，k_0 を**頻度因子（Frequency factor）**，E を**活性化エネルギー（Activation energy）**［J・mol^{-1}］と呼ぶ。R は気体定数（8.314 Pa・m^3・mol^{-1}・K^{-1} = J・mol^{-1}・K^{-1}），T は絶対温度 ［K］である。

反応温度を上げると分子の熱運動が激しくなり，活性化エネルギーより大きなエネルギーを持つ分子の数が増加するので反応速度が増大する。(3-9) 式の両辺の対数をとると

$$\ln k = (-E/R)(1/T) + \ln k_0 \tag{3-10}$$

となる。実験で反応温度 T をかえて反応速度を測定し，求めた反応速度定数の対数 $\ln k$ を縦軸に，絶対温度の逆数（$1/T$）を横軸にして図 3-1 のようにプロット（**アレニウスプロット**）すると，(3-10) 式の関係から，傾きは（$-E/R$）となるので，これより活性化エネルギーを切片の値（$\ln k_0$）から頻度因子を決定することができる。

例題 3-5

活性化エネルギーが 120 kJ・mol^{-1} であるとき，温度が 100℃ と 110℃ の反応速度定数の比を求めよ。

解　答

(3-9) 式より温度が 100℃ を絶対温度 $T = 100 + 273 = 373$ K として

$$k_{100} = k_0 \exp(-120000/373R)$$

温度 110℃ = 383 K では

$$k_{110} = k_0 \exp(-120000/383R)$$

これより

$$\begin{aligned}
k_{110}/k_{100} &= k_0\exp(-120000/383R)/k_0\exp(-120000/373R) \\
&= \exp[(-120000/8.314)(1/383-1/373)] \\
&= \exp(1.01) \\
&= 2.75 \hspace{4cm} 答：2.75
\end{aligned}$$

第 4 章 反応場と反応速度

　第 3 章では**均一反応**かつ等温系における反応速度式について述べた。化学反応は第 2 章で述べたように気体反応や液体反応などの均一反応と気液，液液，気固，液固，気液固などの**不均一反応**がある。特に，工業的に重要な反応の多くは固体触媒が関与している。そこで本章では，不均一系における反応速度の定義について説明し，不均一系の反応速度式として代表的な触媒反応および酵素反応の速度式について述べる。

4-1 ■不均一系における反応速度

　均一系における反応速度の定義はA成分に着目すると，(3-2) 式より

$$-r_A = -\frac{1}{V}\frac{dn_A}{dt} = \frac{(消失したA成分の物質量)}{(流体の体積)(時間)} \tag{4-1}$$

このとき，r_A の単位は $[\mathrm{mol \cdot m^{-3} \cdot s^{-1}}]$ である。また，気液反応，気固反応，液固反応，液液反応などの不均一反応の多くは，各相が接触している界面を通して反応が起こるので，反応速度は界面積が大きく影響する場合がある。そのような場合は流体の体積基準ではなく次式で定義される界面積基準の反応速度 $-r_{AS}$ を用いる。

$$-r_{AS} = -\frac{1}{S}\frac{dn_A}{dt} = \frac{(消失したA成分の物質量)}{(界面積)(時間)} \tag{4-2}$$

ここに，S は界面積なので，r_{AS} の単位は $[\mathrm{mol \cdot m^{-2} \cdot s^{-1}}]$ である。

　一方，固体が関係する反応では固体の体積基準の反応速度 $-r_{AV}$ や質量基準の反応速度 $-r_{AW}$ を用いる。

$$-r_{AV} = -\frac{1}{V_s}\frac{dn_A}{dt} = \frac{(消失したA成分の物質量)}{(体積)(時間)} \tag{4-3}$$

$$-r_{AW} = -\frac{1}{W}\frac{dn_A}{dt} = \frac{(消失したA成分の物質量)}{(質量)(時間)} \tag{4-4}$$

ここに，V_s および W は固体の体積と質量を示す。したがって，r_{AV} および r_{AW} の単位はそれぞれ $[\mathrm{mol \cdot m^{-3} \cdot s^{-1}}]$ および $[\mathrm{mol \cdot kg^{-1} \cdot s^{-1}}]$ である。固体の質量は容易に測定できるが流体体積に比べて固体体積を決定するのは困難なために，固体原料や固体触媒を用いて工業生産を行う

場合には，質量基準の反応速度を用いることが多い．反応装置に流体を満たして反応を行う場合には，流体体積と反応器容積は一致するが，反応装置に原料や触媒となる固体粒子を充填する場合には，固体質量基準以外に反応装置容積 V_R あたりの反応速度 r_{AR} が定義できる．

$$-r_{AR} = -\frac{1}{V_R}\frac{dn_A}{dt} = -\frac{(消失した A 成分の物質量)}{(反応器容積)(時間)} \tag{4-5}$$

粒子径が d，粒子密度が ρ_p である球形粒子を充てんした固定層反応器（容積 V_R）について考える．反応器内の空間の割合を**空間率（Voidage）** ε とすると，粒子の全体積 V_S は $V_R(1-\varepsilon)$ となり，粒子の全質量 W は $\rho_p V_R(1-\varepsilon)$ となる．これらの関係を用いると (4-5) 式の r_{AR} を (4-3) 式の r_{AV} と (4-4) 式の r_{AW} に変換できる．

充てんした粒子の個数を N とすると，次式が成り立つ．

$$V_S = N\left[\frac{4}{3}\pi\left(\frac{d}{2}\right)^3\right] = V_R(1-\varepsilon) \tag{4-6}$$

(4-6) 式を用いて，反応器内の粒子全表面積 S を求めると

$$S = N\left(4\pi\left(\frac{d}{2}\right)^2\right) = \frac{6V_R(1-\varepsilon)}{d} \tag{4-7}$$

となる．(4-7) 式を用いると，(4-5) 式の r_{AR} を (4-2) 式の r_{AS} に変換できる．

例題 4-1

固体が関与する反応で，反応速度が A 分子の濃度の 1 次反応とすると，固体の体積基準および質量基準の反応速度定数の単位を示せ．

解 答

固体体積基準の反応速度 r_{AV} の単位は [mol・m^{-3}・s^{-1}]，質量基準の反応速度 r_{AW} の単位は [mol・kg^{-1}・s^{-1}] である．一次反応では $r_{AV} = k_{AV}C_A$ および $r_{AW} = k_{AW}C_A$ の関係が成り立つので反応速度定数の単位は反応速度の単位を濃度の単位 [mol・m^{-3}] で割ることによって得られる．

答：k_{AV} [s^{-1}]，k_{AW} [m^3・kg^{-1}・s^{-1}]

例題 4-2

粒子径 d，粒子密度 ρ_p である球形粒子を充填した固定層反応器（容積 V_R）を用いて反応を行うとき，反応装置容積基準の反応速度 r_{AR} と，固体体積基準の反応速度 r_{AV}，固体質量基準の反応速度 r_{AW} および固体界面積基準の反応速度 r_{AS} との関係を示せ．

解 答

(4-5) 式の $-r_{AR} = -(1/V_R)(dn_A/dt)$ から，$V_S = V_R(1-\varepsilon)$ の関係を用いて V_R を代入すると

$$-r_{AR} = -((1-\varepsilon)/V_S)(dn_A/dt) = -r_{AV}(1-\varepsilon)$$

同様に，$W = \rho_p V_R(1-\varepsilon)$ の関係を用いて V_R を代入すると

$$-r_{AR} = -(\rho_p(1-\varepsilon)/W)(dn_A/dt) = -r_{AW}\rho_p(1-\varepsilon)$$

(4-7) 式の反応器内の粒子全表面積 $S = 6V_R(1-\varepsilon)/d$ の関係を用いて V_R を代入すると

$$-r_{AR} = -[6(1-\varepsilon)/dS](dn_A/dt) = -r_{AS}[6(1-\varepsilon)/d]$$

答：$-r_{AR} = -r_{AV}(1-\varepsilon) = -r_{AW}\rho_p(1-\varepsilon) = -r_{AS}(6(1-\varepsilon)/d)$

4-2 ■不均一系における速度式

4-2-1 触媒反応

固体触媒上の**触媒反応（Catalytic reaction）**は，はじめに図4-1に示すようにA成分が触媒表面上に**吸着（Adsorption）**する過程で始まる。反応がない場合には触媒表面上の**活性点（Activesite）** σ にA成分が吸着し，吸着したA成分（Aσ）は**脱着（Desorption）**する。

$$A + \sigma \underset{k_A}{\overset{k_D}{\rightleftharpoons}} A\sigma \tag{4-8}$$

活性点をA成分によって占有されている割合を θ_A，未吸着の活性点の割合を θ_V とすると

$$\theta_A + \theta_V = 1 \tag{4-9}$$

となり，(4-8) 式における吸着速度はA成分の濃度 C_A と未吸着の活性点の割合 θ_V の積に比例し，脱着速度はA成分が吸着した活性点の割合 θ_A に比例する。このとき実際に観測される吸着速度 v_A は次式で表わされる。

$$\begin{aligned}v_A &= k_A C_A \theta_V - k_D \theta_A \\ &= k_A C_A (1-\theta_A) - k_D \theta_A\end{aligned} \tag{4-10}$$

平衡状態では $v_A = 0$ なので，(4-10) 式から

$$\begin{aligned}\theta_A &= [k_A C_A/(k_D + k_A C_A)] \\ &= [(k_A/k_D)C_A/(1 + (k_A/k_D)C_A)] \\ &= [KC_A/(1 + KC_A)]\end{aligned} \tag{4-11}$$

ここに $K(=k_A/k_D)$ は**吸着平衡定数（Adsorption equilibrium constant）**である。実際にA成分の触媒上への吸着量 q を測定すると，気相濃度が高くなると吸着量は増加して，最後にある一定値となり飽和する。このときの値を q_S とすれば，$\theta_A = q/q_S$ となり，これを (4-11) 式に代入すると，一定温度条件における吸着量 q は次式の吸着平衡式で表わされる。

$$q = q_S KC_A/(1 + KC_A) \tag{4-12}$$

この式を**ラングミュア（Langmuir）の吸着等温式**と呼ぶ。触媒反応が吸着したA成分の濃度に比例するとすれば，(4-11) 式から触媒反応速度式は次式となる。

$$\begin{aligned}(-r_A) &= k'\theta_A \\ &= k'KC_A/(1 + KC_A) \\ &= kC_A/(1 + KC_A)\end{aligned} \tag{4-13}$$

ここに，$k = k'K$ である。(4-13) 式のように分母に吸着項を持つ触媒反応速度式を**ラングミ**

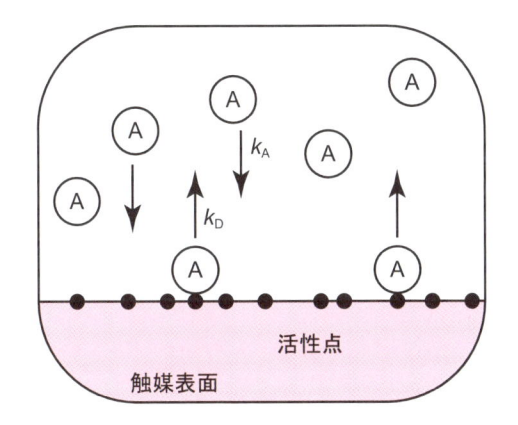

図 4-1 触媒表面における吸着と反応

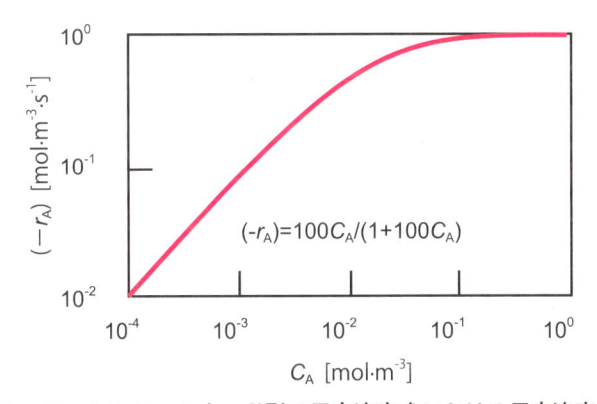

図 4-2 ラングミュアーヒンシェルウッド型の反応速度式における反応速度と濃度との関係

ュア-ヒンシェルウッド（Langmuir-Hinshelwood）式と呼ぶ。(4-13) 式の濃度 C_A と反応速度 $(-r_A)$ との関係は図 4-2 のようになり、低濃度領域では $1 \gg KC_A$ となるので、反応速度式が $(-r_A) = kC_A$ となり、$(-r_A)$ は A 成分の濃度に比例する。逆に高濃度領域では $1 \ll KC_A$ となるので、反応速度式は $(-r_A) = k/K$ となり、$(-r_A)$ は A 成分の濃度には無関係で一定の値になる。

4-2-2　酵素反応

酵素反応に用いる**酵素（Enzyme）**はタンパク質であり、生体内に存在し生体触媒として機能する。酵素反応では酵素 E と反応に関与する分子である基質 S が反応して酵素－基質複合体 ES を形成し、この中間生成物から反応生成物 P が生成し、酵素 E はもとの状態に戻る。

$$\mathrm{E + S} \underset{k_1}{\overset{k_2}{\rightleftharpoons}} \mathrm{ES} \overset{k_3}{\longrightarrow} \mathrm{E + P} \tag{4-14}$$

一般に酵素反応では複合体 ES の濃度は基質 S の濃度よりもはるかに小さいので、複合体 ES は生成と消失が起こっているが、正味の反応速度 r_{ES} はゼロとみなせる。

$$r_{ES} = k_1 C_E C_S - k_2 C_{ES} - k_3 C_{ES} \cong 0 \tag{4-15}$$

全酵素濃度を C_{E0} とすると

$$C_{E0} = C_E + C_{ES} \tag{4-16}$$

(4-15) 式から C_{ES} は

$$C_{ES} = [k_1/(k_2 + k_3)]C_E C_S \tag{4-17}$$

(4-16) 式から $C_E = C_{E0} - C_{ES}$ を代入して整理すると

$$C_{ES} = [k_1/(k_2 + k_3)](C_{E0} - C_{ES})C_S$$

$$\{1 + [k_1/(k_2 + k_3)]C_S\}C_{ES} = [k_1/(k_2 + k_3)]C_{E0}C_S$$

$$C_{ES} = k_1 C_{E0} C_S / [(k_2 + k_3) + k_1 C_S] = C_{E0} C_S / [(k_2 + k_3)/k_1 + C_S]$$

$$= C_{E0} C_S / [(K_m + C_S)] \tag{4-18}$$

ここに，$K_m = (k_2 + k_3)/k_1$ は**ミカエルス（Michaelis）定数**と呼ぶ。酵素反応の反応速度は反応生成物 P の生成速度であり次式となる。

$$r = k_3 C_{ES} = k_3 C_{E0} C_S / (K_m + C_S) = V_m C_S / (K_m + C_S) \tag{4-19}$$

ここに $V_m = k_3 C_{E0}$ である。(4-19) 式を**ミカエルス−メンテン（Michaelis-Menten）の式**と呼ぶ。触媒反応と同様に，基質濃度が小さいとき（$K_m \gg C_S$）には反応速度は基質濃度に比例する。しかし，基質濃度が高くなると（$K_m \ll C_S$），基質濃度が増えても複合体濃度は増えないので，反応速度は基質濃度に無関係に一定値（$V_m = k_3 C_{E0}$）に漸近する。この値は酵素反応の最大値を表す。

演習問題 —第1章〜第4章—

1 以下に示す複合反応の反応速度をそれぞれ r_1, r_2 とする。反応成分 A, B, R および S の反応速度を r_1 と r_2 を用いて表せ。

$$A + 2B \longrightarrow R$$
$$A + R \longrightarrow 2S$$

2 回分反応器で $A + 2B \rightarrow C + 2D$ の液相反応を行っている。この反応の反応速度式は $-r_A = kC_A C_B$ で表され、反応速度定数 k の値は $2 \times 10^{-3}\,\mathrm{m^3 \cdot mol^{-1} \cdot s^{-1}}$ である。一定時間反応したときに反応液を採取し、その濃度を測定したところ、A 成分の濃度 $C_A = 200\,\mathrm{mol \cdot m^{-3}}$、B 成分の濃度 $C_B = 150\,\mathrm{mol \cdot m^{-3}}$ であった。反応液を採取した時点における反応速度 r_A と r_B はいくらか。

3 反応温度 248℃ で反応速度定数 $2.31 \times 10^{-6}\,\mathrm{s^{-1}}$ の 1 次反応がある。この反応を反応温度 352℃ まで上げて反応速度定数を測定すると、$6.23 \times 10^{-5}\,\mathrm{s^{-1}}$ であった。この反応の活性化エネルギーと頻度因子を求めよ。

4 容積 $1\,\mathrm{m^3}$ の回分反応器内に直径 $2\,\mathrm{mm}$ の球状触媒粒子（密度：$2000\,\mathrm{kg \cdot m^{-3}}$）を $1120\,\mathrm{kg}$ 充填した。この回分反応器内で液相触媒反応を行ったところ、触媒質量基準の反応速度 $-r_{AW} = 100\,\mathrm{mol \cdot kg^{-1} \cdot s^{-1}}$ であった。次の問いに答えよ。

(1) 反応器容積基準の反応速度 $-r_{AR}$ はいくらか。

(2) 触媒外表面積基準の反応速度 $-r_{AS}$ はいくらか。

5 反応速度式が下記のラングミュア‐ヒンシェルウッド式に従う触媒反応を回分反応器で行い、下表の反応速度を得た。

$$-r_A = \frac{kC_A}{1 + KC_A}\,[\mathrm{mol \cdot m^{-3} \cdot s^{-1}}]$$

$C_A\,[\mathrm{mol \cdot m^{-3}}]$	49	96	188	486
$-r_A\,[\mathrm{mol \cdot m^{-3} \cdot s^{-1}}]$	1.42×10^{-4}	1.79×10^{-4}	2.03×10^{-4}	2.25×10^{-4}

上式の両辺の逆数をとって整理すると

$$\frac{1}{(-r_A)} = \frac{1}{k}\frac{1}{C_A} + \frac{K}{k}$$

となる。この式を利用して反応速度定数 k と平衡定数 K を求めよ。

第 5 章 反応率について

ものづくりをするときには，必ず計画を立てなければならない。ものづくりを始めたら，途中でいったいどのくらい仕事が進んでいるのかを知ることが重要である。登山をする場合も同じである。登山では何合目といった目安があり，五合目まで上ったとすれば登山は半分まで進んだということであろう。この"合目"は登山の達成度のパラメータとして利用できる。化学反応は，反応器という内部が見えない容器で行うので，途中経過を知るためには反応工学の知識が必要となる。まずは反応がどの程度進行しているかを決めなければならない。本章では反応の進行を示すパラメータである反応率（Conversion），収率（Yield）および選択率（Selectivity）について述べる。

5-1 ■反応率

5-1-1 回分反応器における反応率

反応の進行の程度を示す反応率は，最初の状態では0を，完全に原料中の限定反応成分が消失したときには1となる。したがって，反応中の限定反応成分の濃度がわかれば反応率が決まる。最初に回分反応器を用いて以下の反応を行うとする。

$$aA + bB \longrightarrow cC + dD \tag{5-1}$$

ここで限定反応成分をAとすると，反応開始時（時間 $t = 0$）におけるAの物質量を n_{A0} [mol] とし，ある一定時間経過（$t = t$）したときのAの物質量を n_A [mol] とする。反応によって消失したAの物質量は $(n_{A0} - n_A)$ となるので，A成分に対する反応率 x_A は次式で表わされる。

$$x_A = (n_{A0} - n_A)/n_{A0} \tag{5-2}$$

(5-2) 式から，一定時間反応した後のAの物質量 n_A は次式で表わされる。

$$n_A = n_{A0}(1 - x_A) \tag{5-3}$$

ここに，$1 - x_A$ は未反応率と呼ぶ。液相反応において，反応液の体積 V [m³] が変化しない場合には，はじめに反応器内の液の濃度 C_A [mol·m⁻³] を測定し，濃度と液体積の積からAの物質量 n_A を決定することができる。反応の前後で液体積が変わらない場合には，はじめから反応

図 5-1 反応率と濃度

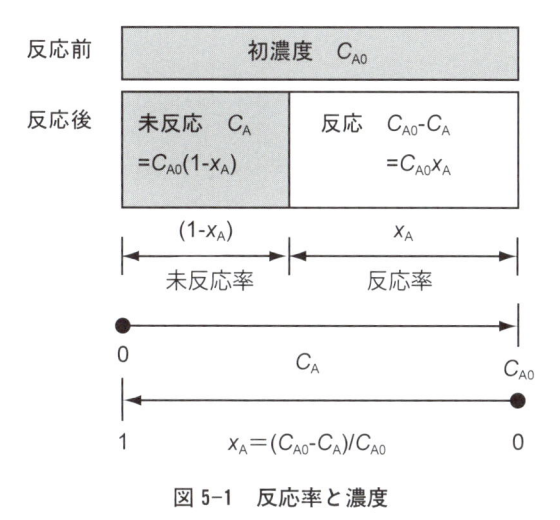

率 x_A は濃度 C_A を用いて表すことができる。

$$x_A = (n_{A0} - n_A)/n_{A0} = [(n_{A0}/V) - (n_A/V)]/(n_{A0}/V)$$
$$= (C_{A0} - C_A)/C_{A0} \tag{5-4}$$

(5-4) 式で示す濃度と反応率との関係を図 5-1 に示す。気相反応では，反応の進行とともに体積が変化することがあり，(5-4) 式が適用できない。体積変化による濃度の変化については第 6 章で述べる。

5-1-2 連続反応器における反応率

1-1 で述べたように回分反応器は時間と共に反応器内の限定反応成分 A の濃度が減少していくが，連続槽型反応器や管型反応器のような連続反応器では反応器出口の濃度や反応器内の濃度分布は時間には無関係である。したがって，連続反応器における反応率の定義は回分反応器と異なる。連続槽型反応器で (5-1) 式の液相反応を行うとき，反応器入口における限定反応成分 A の濃度 C_{A0} と出口における濃度 C_{Af} を測定できるので，流通している液体の体積変化がなければ反応率 x_A は (5-4) 式で表わされる。液体の**体積流量（Volumetric flow rate）** $v\,[\mathrm{m^3 \cdot s^{-1}}]$ が一定であるとすると，単位時間に反応器を流入および流出する A 成分の**物質量流量（Molar flow rate）** $F_{A0}\,[\mathrm{mol \cdot s^{-1}}]$ および $F_{Af}\,[\mathrm{mol \cdot s^{-1}}]$ は次式で表わされる。

$$F_{A0} = C_{A0}v, \qquad F_{Af} = C_{Af}v \tag{5-5}$$

反応率 x_A を F_{A0} および F_A で表わすと次式のように書ける。

$$x_A = (F_{A0} - F_{Af})/F_{A0} \tag{5-6}$$

連続槽型反応器では，反応器内の濃度 C_A と反応器出口の濃度 C_{Af} は等しいので，反応率は $x_A = (F_{A0} - F_{Af})/F_{A0}$ 以外の値はない。一方，管型反応器では反応器入口から軸方向に向かって出口まで，物質量流量そして反応率が連続的に変化する。

5-2 ■ 収　率

　反応器内で (5-1) 式に示す反応だけが起こる場合には，回分反応器では一定時間経過後の各成分の濃度を A と B の初濃度と反応率で表わすことができる。（詳細は第 6 章）ここでは (5-1) 式以外の反応が同時に起こる複合反応について考える。たとえば以下の 2 つの反応が同時に起こったとする。

$$A \longrightarrow mM \tag{5-7}$$

$$A \longrightarrow S \tag{5-8}$$

例えば，このときに目的とする生成物が M とすると，これを**主生成物（Main product）**と呼び，S は**副生成物（By-product）**と呼ぶ。限定反応成分を A とすると，反応開始時に存在した A に対して，反応して主生成物 M になった A の割合を**収率** Y_M と定義する。(5-7) 式では 1 mol の A から m・mol の M が生成するので，反応開始時に存在した A の物質量 n_{A0} が反応して，すべて M が生成したとすると，そのときの M の物質量は mn_{A0} に等しくなる。反応開始時の M の物質量を n_{M0}，一定時間経過後の M の物質量を n_M とすると，反応によって生成した M の物質量は $(n_M - n_{M0})$ となるので，収率 Y_M は次式で表わされる。

$$Y_M = (n_M - n_{M0})/mn_{A0} \tag{5-9}$$

反応によって体積が変わらない場合には，(5-9) の各項を濃度表示することができる。

$$Y_M = (C_M - C_{M0})/mC_{A0} \tag{5-10}$$

連続反応器では，物質量流量 F を用いると次式となる。

$$Y_M = (F_M - F_{M0})/mF_{A0} \tag{5-11}$$

5-3 ■ 選 択 率

　収率は反応開始時の A 成分に対して，反応して主成分 M になった A の割合であるが，**選択率** S_M は，反応によって消失した A 成分のうち，主成分 M になった A の割合である。回分反応器で一定時間反応後に消失した A の物質量は $(n_{A0} - n_A)$ となり，その間に生成した M の物質量は $(n_M - n_{M0})$ なので，選択率 S_M は

$$S_M = (n_M - n_{M0})/m(n_{A0} - n_A) \tag{5-12}$$

体積が変化しない場合には

$$S_M = (C_M - C_{M0})/m(C_{A0} - C_A) \tag{5-13}$$

連続反応器では次式となる。

$$S_M = (F_M - F_{M0})/m(F_{A0} - F_A) \tag{5-14}$$

(5-2) 式より，$(n_{A0} - n_A) = n_{A0}x_A$ となり，これを (5-12) 式の右辺の分母に代入すると，反応率，収率と選択率との間に，次の関係式が成り立つ。

$$S_M = (n_M - n_{M0})/m(n_{A0} - n_A)$$

$$= (n_M - n_{M0})/m\, n_{A0} x_A$$
$$= Y_M/x_A \tag{5-15}$$

反応率と収率，選択率の関係を図 5-2 に示す。

複合反応における反応器の設計法に関しては第 14 章で詳細に述べる。

例題 5-1

A → 2 B, A → C で表される液相の並列反応を行った。原料中には B 成分と C 成分は含まれず A 成分の初濃度が $800\,\mathrm{mol\cdot m^{-3}}$ である。反応率が 0.6 のとき主生成物である B 成分の濃度が $400\,\mathrm{mol\cdot m^{-3}}$ であった。このとき B 成分の収率と選択率はいくらか。

解　答

A の初濃度 $800\,\mathrm{mol\cdot m^{-3}}$ に対して反応率が 0.6 のときの B 成分の濃度が $400\,\mathrm{mol\cdot m^{-3}}$ であるとすると A → 2 B の関係から A 成分の $200\,\mathrm{mol\cdot m^{-3}}$ が $400\,\mathrm{mol\cdot m^{-3}}$ の B 成分になるので

収率　$Y_B = 200/800 = 0.25$

反応率 0.6 までに消失した A の量は (5-4) 式の関係から

$C_{A0} - C_A = C_{A0} x_A = (800)(0.6) = 480\,\mathrm{mol\cdot m^{-3}}$

したがって，選択率は

選択率　$S_B = 200/480 = 0.417$

である。また，(5-15) 式の反応率 x_A，収率 Y_B および選択率 S_B の関係から

選択率　$S_B = Y_B/x_A = 0.25/0.6 = 0.417$

としてもよい。

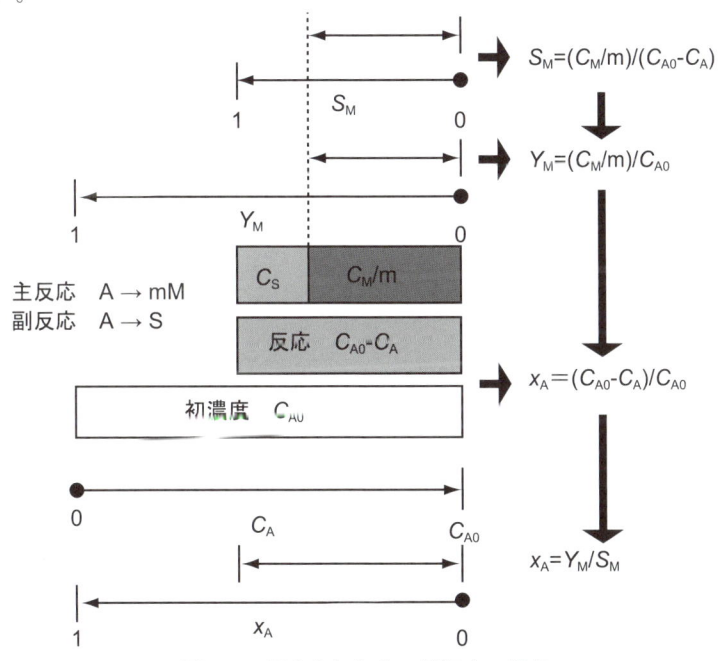

図 5-2　反応率と収率，選択率の関係

第 6 章 反応に伴う濃度変化

　第5章で反応率について明らかになったところで，本章では反応途中における反応物と生成物の物質量や濃度を決定する方法について学ぶ。化学反応によって各成分が消失，あるいは新たに生成するが，化学反応式について全成分の**収支（balance）**は成り立つので，収支をとることによって，ある反応時における各成分の濃度を決定することができる。また，気相反応において濃度変化を決定するためには，反応器内の各成分の物質量の増減に加えて，同時に起こる体積もしくは全圧の増減について考慮しなければならない。

6-1 ■液相反応に伴う濃度変化

　回分反応器を用いて，次式の液相反応を行う。原料には反応物である A 成分と B 成分，場合によっては生成物である C 成分と D 成分が含まれており，それらに加えて反応に無関係な I 成分が含まれる。このとき，原料に含まれる A，B，C，D および I 成分の物質量がそれぞれ n_{A0}，n_{B0}，n_{C0}，n_{D0} および n_{I0} とする。

$$aA + bB \longrightarrow cC + dD \tag{6-1}$$

一定時間反応をした後の A 成分の反応率を x_A とすると，第5章で説明したようにこのとき反応器内に残留している A 成分の物質量 n_A [mol] は次式で表わされる。

$$n_A = n_{A0}(1 - x_A) \tag{6-2}$$

反応で消失した A 成分の物質量は $n_{A0}x_A$ となる。1 mol の A 成分に対して (b/a) mol の B 成分が反応するので，反応で消失する B 成分の物質量は $(b/a)n_{A0}x_A$ となる。したがって，反応器内の B 成分の物質量は次式で表わされる。

$$\begin{aligned}n_B &= n_{B0} - (b/a)n_{A0}x_A \\ &= n_{A0}[(n_{B0}/n_{A0}) - (b/a)x_A]\end{aligned} \tag{6-3}$$

生成物である C 成分と D 成分については，消失した A 成分の物質量のそれぞれ (c/a) および (d/a) 倍の C 成分と D 成分が生成するので，反応器中の C 成分と D 成分の物質量は次式で表わされる。

$$n_C = n_{C0} + (c/a)n_{A0}x_A$$

$$= n_{A0}[(n_{C0}/n_{A0}) + (c/a)x_A] \tag{6-4}$$

$$n_D = n_{D0} + (d/a)n_{A0}x_A$$

$$= n_{A0}[(n_{D0}/n_{A0}) + (d/a)x_A] \tag{6-5}$$

反応に無関係なI成分の物質量 n_I は変わらないので

$$n_I = n_{I0} \tag{6-6}$$

液相反応において，反応によっては物質量が増減する場合があり，その場合には液体積は変化する。しかしながら，液相反応では，反応に直接には関与しない溶媒が多量に含まれている場合が多く，そのために反応に伴う体積変化を無視できる場合が多い。ここで反応前後の反応液の体積 V が一定であるとすると，(6-2) 式から (6-6) 式は濃度 C [mol·m^{-3}] で表示することができる。

$$C_A = C_{A0}(1 - x_A) \tag{6-7}$$

$$C_B = C_{A0}[(C_{B0}/C_{A0}) - (b/a)x_A] \tag{6-8}$$

$$C_C = C_{A0}[(C_{C0}/C_{A0}) + (c/a)x_A] \tag{6-9}$$

$$C_D = C_{A0}[(C_{D0}/C_{A0}) + (d/a)x_A] \tag{6-10}$$

$$C_I = C_{I0} \tag{6-11}$$

5-1-2 で説明したように，連続反応器では，回分反応器における濃度 C を流量 v が一定のとき，$F=Cv$ の関係から物質量流量 F [mol·s^{-3}] に置き換えて反応率を定義した。同様に各分子の物質量流量についても (6-7) 式から (6-11) 式について，C を F に置き換えることができる。

$$F_A = F_{A0}(1 - x_A) \tag{6-12}$$

$$F_B = F_{A0}[(F_{B0}/F_{A0}) - (b/a)x_A] \tag{6-13}$$

$$F_C = F_{A0}[(F_{C0}/F_{A0}) + (c/a)x_A] \tag{6-14}$$

$$F_D = F_{A0}[(F_{D0}/F_{A0}) + (d/a)x_A] \tag{6-15}$$

$$F_I = F_{I0} \tag{6-16}$$

例題 6-1

A + 3B → 3C + D で表される液相反応を回分反応器で行う。反応開始時，原料中にはA，B，C，D，および反応に無関係なI成分がそれぞれ物質量 5，30，3，7 および 100 mol 含まれていたとする。反応率が 0.3 のときの各成分の物質量はいくらになるか。

解 答

その1：反応によって消失するA成分の物質量は $5 \times 0.3 = 1.5$ mol となり，反応式からB成分はその3倍消失し，逆にC成分とD成分はA成分の消失量の3倍および等量がそれぞれ生成する。これを表にすると

	A成分	B成分	C成分	D成分	I成分
初期物質量 [mol]	5	30	3	7	100
消失量 [mol]	$-5 \times 0.3 =$ -1.5	Aの3倍 -4.5	0	0	0
生成量 [mol]	0	0	消失Aの3倍 4.5	消失Aと等量 1.5	0
残留物質量 [mol]	$5-1.5=$ 3.5	$30-4.5=$ 25.5	$3+4.5=$ 7.5	$7+1.5=$ 8.5	100

反応率0.3でA，B，C，DおよびIの物質量はそれぞれ3.5，25.5，7.5，8.5および100 molになる。

その2：(6-2) から (6-6) 式を用いて計算する。ここで(b/a) = 3，(c/a) = 3，(d/a) = 1，(n_{B0}/n_{A0}) = 6，(n_{C0}/n_{A0}) = 0.6，(n_{D0}/n_{A0}) = 1.4を各式に代入すると，

$$n_A = 5(1-0.3) = 3.5$$
$$n_B = 5(6-3\times0.3) = 25.5$$
$$n_C = 5(0.6+3\times0.3) = 7.5$$
$$n_D = 5(1.4+0.3) = 8.5$$
$$n_I = 100$$

となり，反応率0.3でA，B，C，DおよびIの物質量はそれぞれ3.5，25.5，7.5，8.5および100 molになる。

6-2 ■気相反応に伴う濃度変化

6-2-1 反応に伴う物質量の変化

(6-2) 式から (6-6) 式をすべて加算すると，反応率 x_A における全成分の物質量 n_t が決まる。

$$\begin{aligned} n_t &= n_A + n_B + n_C + n_D + n_I \\ &= [n_{A0}(1-x_A)] + [n_{B0}-(b/a)n_{A0}x_A] + [n_{C0}+(c/a)n_{A0}x_A] + [n_{D0}+(d/a)n_{A0}x_A] + n_{I0} \\ &= (n_{A0}+n_{B0}+n_{C0}+n_{D0}+n_{I0}) + \{[-1-(b/a)+(c/a)+(d/a)]n_{A0}x_A\} \\ &= n_{t0} + [(-a-b+c+d)/a]n_{A0}x_A \end{aligned} \tag{6-17}$$

ここに，$n_{t0} = n_{A0}+n_{B0}+n_{C0}+n_{D0}+n_{I0}$ であり，全成分の物質量の変化量 (n_t-n_{t0}) の値が正であれば，物質量が増加した反応であり，逆に負であれば物質量が減少した反応である。したがって (6-17) 式から

$$(n_t - n_{t0}) = [(-a-b+c+d)/a]n_{A0}x_A \tag{6-18}$$

となり，この値を反応初期の全物質量で除して，反応が終了 ($x_A = 1$) したときの物質量の増減

を示す係数 ε_A を定義すると，その値は次式で表わされる．

$$\varepsilon_A = (n_{t,x_A=1} - n_{t0})/n_{t0} = [(-a-b+c+d)/a]\,(n_{A0}/n_{t0}) \tag{6-19}$$

ここに，$(-a-b+c+d)/a$ は反応式の係数の比 δ_A，(n_{A0}/n_{t0}) は反応開始時の A 成分のモル分率 y_{A0} である．係数 ε_A を用いると (6-17) 式は次式で表わされる．

$$\begin{aligned}
n_t &= n_{t0} + [(-a-b+c+d)/a]\,n_{A0}x_A \\
&= n_{t0} + n_{t0}\varepsilon_A x_A \\
&= n_{t0}(1+\varepsilon_A x_A)
\end{aligned} \tag{6-20}$$

連続反応器では物質量 n を物質量流量 F に置き換えることができる．

$$F_t = F_{t0}(1+\varepsilon_A x_A) \tag{6-21}$$

6-2-2　定容と定圧

気相反応では，(6-18) 式で明らかなように (a+b) より (c+d) が小さい場合には，反応の進行と共に全物質量が減少し，逆に (a+b) より (c+d) が大きい場合には全物質量は増大する．(a+b) と (c+d) の値が等しいときには反応前後で全物質量は変化しない．

図 6-1(a) に示すように容積が一定である回分反応器で気相反応を行う場合の濃度変化の取り扱いは，液相反応と同様に取り扱えばよい．気体の状態方程式を用いて整理すると

$$PV = nRT \tag{6-22}$$

反応前の圧力　$P_0 = n_{t0}RT_0/V_0 \tag{6-23}$

反応中の圧力　$P = n_tRT/V \tag{6-24}$

となるので，温度，体積が一定の条件では

$$(P/P_0) = (n_t/n_{t0}) = 1 + \varepsilon_A x_A \tag{6-25}$$

であるから，全物質量に比例して反応器内の圧力は変化することになる．このように反応の進行に伴って全気体分子の体積が変化しない場合を**定容（Constant volume）系**と呼ぶ．

図 6-1(b) に示すように，反応器の上部に伸縮自在な壁を作り，体積の膨張収縮が可能である反応器では，反応器内の圧力は常に一定となるので，このような場合を**定圧（Constant pressure）系**と呼ぶ．この場合には (6-22) 式から

反応前の体積　$V_0 = n_{t0}RT_0/P_0 \tag{6-26}$

反応中の体積　$V = n_tRT/P \tag{6-27}$

となるので，温度と全圧が一定の条件では

$$(V/V_0) = (n_t/n_{t0}) = 1 + \varepsilon_A x_A \tag{6-28}$$

である．気相反応では反応率 x_A における物質量は (6-2) 式から (6-6) 式となり，その場合の全体の体積変化は (6-28) 式となる．したがって定温定圧における各成分の濃度は以下の式で表わされる．

$$\begin{aligned}
C_A &= n_A/V = n_{A0}(1-x_A)/V_0(1+\varepsilon_A x_A) \\
&= C_{A0}(1-x_A)/(1+\varepsilon_A x_A)
\end{aligned} \tag{6-29}$$

第6章 反応に伴う濃度変化

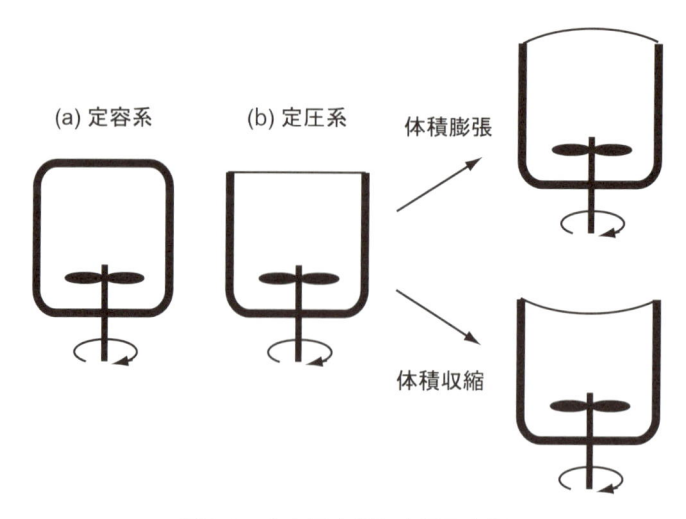

図 6-1 定容反応器と定圧反応器

表 6-1 反応率 x_A における各成分の濃度

	定容系	非定容系
反応による体積変化	$(a+b) = (c+d)$ $\varepsilon_A = 0$	$(a+b) \neq (c+d)$ $\varepsilon_A \neq 0$
反応	液相反応	気相反応
C_A	$C_{A0}(1-x_A)$	$C_{A0}(1-x_A)/(1+\varepsilon_A x_A)$
C_B	$C_{A0}[(C_{B0}/C_{A0}) - (b/a)x_A]$	$C_{A0}[(C_{B0}/C_{A0}) - (b/a)x_A]/(1+\varepsilon_A x_A)$
C_C	$C_{A0}[(C_{C0}/C_{A0}) + (c/a)x_A]$	$C_{A0}[(C_{C0}/C_{A0}) + (c/a)x_A]/(1+\varepsilon_A x_A)$
C_D	$C_{A0}[(C_{D0}/C_{A0}) + (d/a)x_A]$	$C_{A0}[(C_{D0}/C_{A0}) + (d/a)x_A]/(1+\varepsilon_A x_A)$
C_I	C_{I0}	$C_{I0}/(1+\varepsilon_A x_A)$

同様にして

$$C_B = C_{A0}[C_{B0}/C_{A0}) - (b/a)x_A]/(1+\varepsilon_A x_A) \tag{6-30}$$

$$C_C = C_{A0}[C_{C0}/C_{A0}) + (c/a)x_A]/(1+\varepsilon_A x_A) \tag{6-31}$$

$$C_D = C_{A0}[C_{D0}/C_{A0}) + (d/a)x_A]/(1+\varepsilon_A x_A) \tag{6-32}$$

$$C_I = C_{I0}/(1+\varepsilon_A x_A) \tag{6-33}$$

定容系（$\varepsilon_A = 0$）と非定容系の各成分の濃度を整理して表 6-1 に示す。

6-2-3 連続反応器における濃度変化

気相反応を連続反応器で行う場合について考える。気体の体積流量を $v[\mathrm{m^3 \cdot s^{-1}}]$、成分の物質量流量を $F[\mathrm{m^3 \cdot s^{-1}}]$ として、ある瞬間（Δt 秒）に移動する気体の体積は $v\Delta t$ に、成分の物質量は $F\Delta t$ になるので、気体の状態方程式に反応器入口と内部のある領域の体積と、そこに含ま

れる成分の物質量を代入すると

$$\text{反応器入口} \quad P_0 v_0 \Delta t = F_{t0} \Delta t R T_0 \longrightarrow v_0 = F_{t0} R T_0 / P_0 \qquad (6\text{-}34)$$

$$\text{反 応 器 内} \quad P v \Delta t = F_t \Delta t R T \longrightarrow v = F_t R T / P \qquad (6\text{-}35)$$

となるので，温度と全圧が一定の条件では，(6-21) 式より

$$(v/v_0) = (F_t/F_{t0}) = 1 + \varepsilon_A x_A \qquad (6\text{-}36)$$

連続反応器では，反応器の体積は一定であっても体積流量が反応率と共に変化している。連続反応器内の濃度 C は (5-5) 式より，$C = F/v$ で表わされるので，各成分の物質量流量 F を表わす (6-12) 式から (6-16) 式と体積流量 v を表わす (6-36) 式を用いて，各成分の濃度を表わすと定圧回分反応器と同じ式 [(6-29) 式から (6-33) 式] で表わすことができる。

第7章 反応を伴う物質収支

　反応器を設計するためには，**収支**という考え方を十分に理解することが大切である。収支という言葉は収入と支出という意味であり。一般的には金銭，所得，貿易などに使われている。反応工学では物質，エネルギーあるいは運動量について収支をとることが多い。ここでは**物質収支（Mass balance）**について解説する。

7-1 ■蓄積速度

　反応器周辺の物質収支については，第9章から第12章で詳細に検討をするので，ここでは身近な話として温泉について考えよう。源泉から湧き出てきた温泉を浴槽に供給し，浴槽からあふれ出た湯をそのまま排出することを「かけ流し」と呼んでいる。温泉水を加温せずにそのまま使用する場合を特に源泉かけ流しといっている。この場合の収支は非常にシンプルで，浴槽に入ってくる温泉の量と浴槽からあふれ出て排出される湯の量は等しい。これを数式（収支式）で表すと

　　　　（入量）＝（出量）　　　　　　　　　　　　　　　　　　　　　　　　　　(7-1)

となり，1日に $24\,\mathrm{m}^3$ の温泉を使えば，$24\,\mathrm{m}^3$ の湯が捨てられることになる。これを1時間あたりの温泉量，すなわち流量で表すと，毎時 $1\,\mathrm{m}^3$ の湯が浴槽内を通過することになる。このときに図7-1に示す浴槽におけるお湯の収支式は

　　　　（流入の流量）＝（流出の流量）　　　　　　　　　　　　　　　　　　　　(7-2)

となる。厳密には，蒸気となって大気中に散逸するものもあるが，それを含めて（流入の流量）＝（下水へ流れた流量）＋（水蒸気として散逸した流量）と考えれば（7-2）式は成立する。このような状況が安定に続いている場合には，浴槽内の湯量について時間変化がないことになる。このような状態を**定常状態（Steady state）**と呼ぶ。

　源泉でトラブルが起きて，ある瞬間から流入の流量が増大したときには，流出量がこれまでどおりに一定であるとすれば，浴槽内の水の体積が時間と共に増加し，水位が上がることになる。ある時間 Δt に体積が ΔV 増加したときに増加の割合 $\Delta V/\Delta t$ は流量と同じ単位を持つ速度であり，これを**蓄積速度（Accumulation rate）**と呼ぶ。このときの収支式は次式となる。

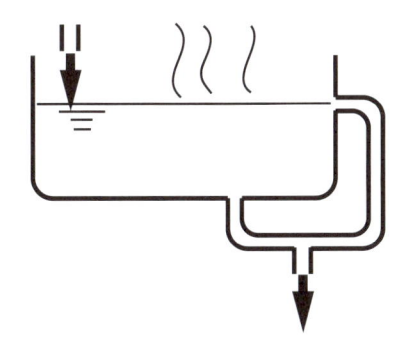

図 7-1　浴槽のお湯の物質収支

$$（流入の流量）＝（流出の流量）＋（蓄積速度） \tag{7-3}$$

逆に，流入の流量が減った場合には，浴槽内の湯の体積が減少することになるので，蓄積速度は負の値となる。蓄積速度の正負を判断すれば収支式はすべて（7-3）式で表される。また，流入の流量を v_0，流出の流量を v とすると，時間 Δt の間の収支式は

$$v_0 = v + \Delta V/\Delta t \tag{7-4}$$

と表すことができ，瞬間的な変化に対しては $\Delta t \to 0$ として考えると，$\Delta V/\Delta t \to dV/dt$ のように微分で表現することができる。

$$v_0 = v + dV/dt \tag{7-5}$$

この場合は，物質収支を当てはめている系（浴槽）内の水位が時間的に変化する。このような状態を**非定常状態（Unsteady state）**と呼ぶ。

湯の中に NaCl などの無機成分が含まれているとき，その成分濃度を $C(=n/V$，ただし n は物質量）とすると，着目成分の物質収支は次式となる。

$$Cv_0 = Cv + dCV/dt = Cv + dn/dt \tag{7-6}$$

ここで，Cv_0 および Cv の単位は $[\mathrm{mol \cdot s^{-1}}]$ となり，これらの値は単位時間に流入あるいは流出する成分の物質量を示す。これらの値を F_0，F で表すと，物質収支式は

$$F_0 = F + dn/dt \tag{7-7}$$

となる。

第 7 章　反応を伴う物質収支

> **例題 7-1**
>
> ミキサーの一方から水を流量 A m³·s⁻¹ で注ぎ，もう一方から体積基準の濃度 X ％の食塩水を流量 B m³·s⁻¹ で注いでミキサー内で十分に混合した後，ミキサー出口から，希釈された食塩水が濃度 Y ％，流量 C m³·s⁻¹ で排出されたとき，液の体積流量および NaCl 成分についてそれぞれ物質収支式を示せ。

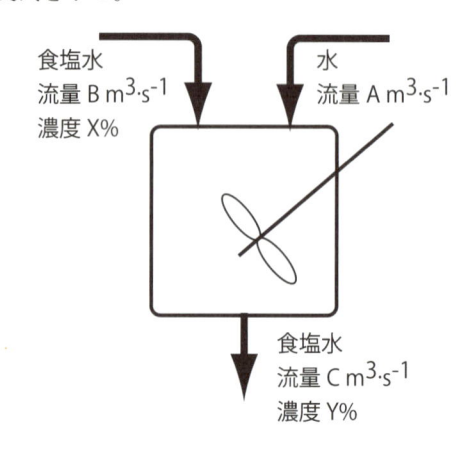

```
           食塩水              水
           流量 B m³·s⁻¹      流量 A m³·s⁻¹
           濃度 X%
                ┌──────────┐
                │          │
                │    ⊗     │
                │          │
                └────┬─────┘
                     ↓
                   食塩水
                   流量 C m³·s⁻¹
                   濃度 Y%
```

解　答

液全体の収支は　$A + B = C$

NaCl 成分の収支は　$\dfrac{BX}{100} = \dfrac{CY}{100}$

> **例題 7-2**
>
> ミキサーの一方から水を流量 100 m³·s⁻¹ で注ぎ，もう一方から体積基準の濃度 15 ％の食塩水を流量 40 m³·s⁻¹ で注いでミキサー内で十分に混合した後，ミキサー出口から排出される食塩水の濃度はいくらか。

解　答

例題 7-1 の両式に数値を代入すると

液全体の収支は $100 + 40 = C$　より $C = 140$ を次の式に代入すると

NaCl 成分の収支は $\dfrac{(40 \times 15)}{100} = \dfrac{(140 \times Y)}{100}$　より $Y = \dfrac{600}{140} = 4.28$　　　　答：4.3 ％

> **例題 7-3**
>
> 容積 1800 m³ の水槽にはじめに 400 m³ の水が蓄えられている。この中に流量 100 m³/h で水を注いだところ，水槽の一部から水が漏れ始めた。漏水の流量が 20 m³/h とすると，この水槽が満杯になるまでに何時間何分かかるか。

解 答

流入量が 100 m³/h，流出量が 20 m³/h なので，蓄積速度を含んだ物質収支式 (7-5) 式より

$$\frac{dV}{dt} = 100 - 20 = 80 \text{ m}^3/\text{h}$$

水を満たすために必要な水量は 1800 − 400 = 1400 m³ なので，必要な時間は

1400 ÷ 80 = 17.5 h

答：17 時間 30 分

7-2 ■反応による消失速度

ミキサーの一方から NaOH 水溶液を，もう一方から HCl 水溶液を注ぎ，ミキサー内で十分に混合した後，液を排出するとき，水の収支は定常状態では (7-2) 式，非定常状態では (7-3) 式が成り立つ。一方，水に含まれている NaOH（あるいは HCl）に着目して物質収支をとると，ミキサーの中では中和反応（NaOH + HCl ⟶ NaCl + H₂O）が起こるので，NaOH（あるいは HCl）量は流入側より流出側で減少する。この差は反応により消費された量となるので，NaOH（あるいは HCl）の物質収支は，ミキサー内の水の体積に時間変化がない定常状態では

（流入の速度）＝（流出の速度）＋（反応による消失速度）　　　　(7-8)

となる。ミキサー内で水の体積が変化し，しかも中和反応が起こる場合には

（流入の速度）＝
（流出の速度）＋（蓄積速度）＋（反応による消失速度）　　　　(7-9)

となる。成分の流入速度 F_0，流出速度 F，蓄積速度 dn/dt および反応による消失速度を G とすると，(7-8) 式と (7-9) 式は以下のようになる。

$$F_0 = F + G \tag{7-10}$$
$$F_0 = F + dn/dt + G \tag{7-11}$$

例題 7-4

濃度 0.01 mol·l^{-1} の NaOH 水溶液を 10 $l·s^{-1}$ で，0.005 mol·l^{-1} の HCl 水溶液を 5 $l·s^{-1}$ で反応器に定常状態で供給する。反応器内で完全に反応が進行するとき，反応器出口から流出する液中の各成分の濃度はいくらになるか。

解 答

NaOH について流入速度は　0.01 mol·l^{-1} × 10 $l·s^{-1}$ = 0.1 mol·s^{-1}

HCl について流入速度は　0.005 mol·l^{-1} × 5 $l·s^{-1}$ = 0.025 mol·s^{-1}

中和反応（NaOH + HCl ⟶ NaCl + H₂O）が完全に進んだときには NaOH と HCl が共に 0.025 mol·s^{-1} より消失し，NaCl が 0.025 mol·s^{-1} 生成するので，(7-10) 式より

NaOH の物質収支は　F_0(= 0.1 mol·s^{-1}) = F + G(= 0.025 mol·s^{-1}) より

F = 0.075 mol·s^{-1}

第 7 章　反応を伴う物質収支

HCl の物質収支は　$F_0(=0.025\,\mathrm{mol\cdot s^{-1}}) = F + G(=0.025\,\mathrm{mol\cdot s^{-1}})$ より，

$F = 0\,\mathrm{mol\cdot s^{-1}}$

NaCl の物質収支は　$F_0(=0\,\mathrm{mol\cdot s^{-1}}) = F + G(=-0.025\,\mathrm{mol\cdot s^{-1}})$ より，

$F = 0.025\,\mathrm{mol\cdot s^{-1}}$

答：NaOH $0.075\,\mathrm{mol\cdot s^{-1}}$，HCl $0\,\mathrm{mol\cdot s^{-1}}$，NaCl $0.025\,\mathrm{mol\cdot s^{-1}}$

解　説

　この問題では NaOH や HCl を溶かした溶媒として水が使われているが，中和反応によって水が生成し，水の量が増えている。水の収支について考えてみよう。はじめに水の濃度はどのようになるのかを考えると，$1\,l$ の水はその密度（$1\,\mathrm{g\cdot cm^3}$）から $1000\,\mathrm{g}$ に相当する。水の分子量は 18 なので，水の濃度は

$1000\,\mathrm{g}/l = (1000/18)\,\mathrm{mol}/l = 55.5555\,\mathrm{mol\cdot}l^{-1}$

この問題では，水が合計 $5\,l\cdot\mathrm{s^{-1}}$ の流量で流入し，中和反応により $0.025\,\mathrm{mol\cdot s^{-1}}$ が生成するので，水の収支は

$F_0(=55.5555 \times 5\,\mathrm{mol\cdot s^{-1}}) = F + G(=0.025\,\mathrm{mol\cdot s^{-1}})$

なので，入口では $277.777\,\mathrm{mol\cdot s^{-1}}$，出口では $277.802\,\mathrm{mol\cdot s^{-1}}$ となり，全体積が $0.009\,\%$ が増えることになるが，実質上は無視できる値である。

第 8 章
流体の流れと反応器

　円管内を流体が流れる場合には，流体の物性である密度 ρ や粘度 μ，円管の内径 D および流体の平均流速 U によって流れの状態が決まる。これらの因子をまとめた無次元数である**レイノルズ数（Reynolds number）**（$Re = DU\rho/\mu$）が 2300 以下であれば，**層流（Laminar flow）**に，4000 以上では**乱流（Turbulent flow）**という流れの状態となる。円管の内径に比べて長さが十分に長い場合には，円管の入口と出口部分を除いた大部分で図 8-1 に示す層流あるいは乱流の流れが形成される。図 8-2 に示すように内径に対する長さの比（アスペクト比）が小さい反応器では，流れが安定になる前に反応器内を流体が吹き抜けるような流れ（**チャネリング（Channeling）**）や**デッドボリューム（Dead volume）**が形成するような不均一な流れが起こる。不均一な流れの中で反応を行うと反応率は低くなる。したがって，連続反応器では流れが均一になるように反応器の設計をしなければならない。

　撹拌装置を持つ撹拌槽反応器内の流れについても，レイノルズ数によって流れの状態をある程度は予測可能であるが，撹拌パドルや反応器内の形状によって流れの状態はそれぞれ異なる。このように反応器内の流体の流れは複雑であるが，最近では図 8-3 に示すように**数値流体計算（Computational fluid dynamics, CFD）**を利用すれば複雑な流れの状態を予測することは可能である。

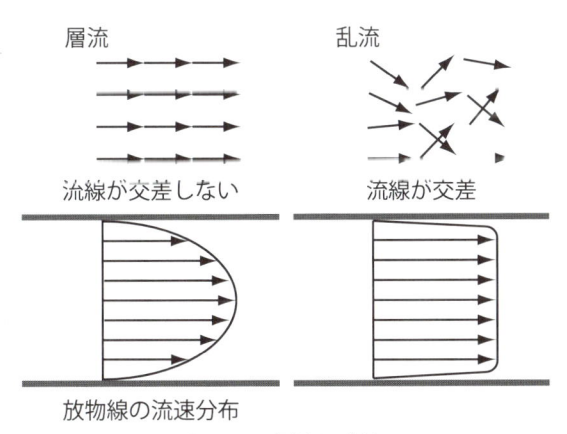

図 8-1　層流と乱流

第 8 章　流体の流れと反応器

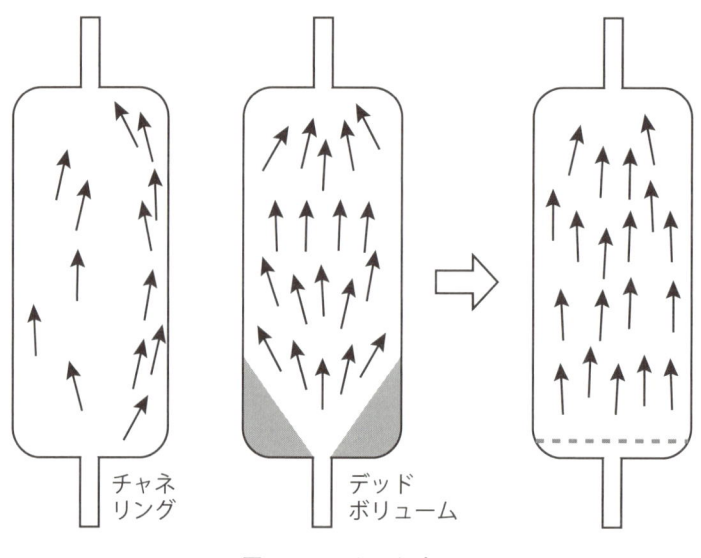

図 8-2　不均一な流れ

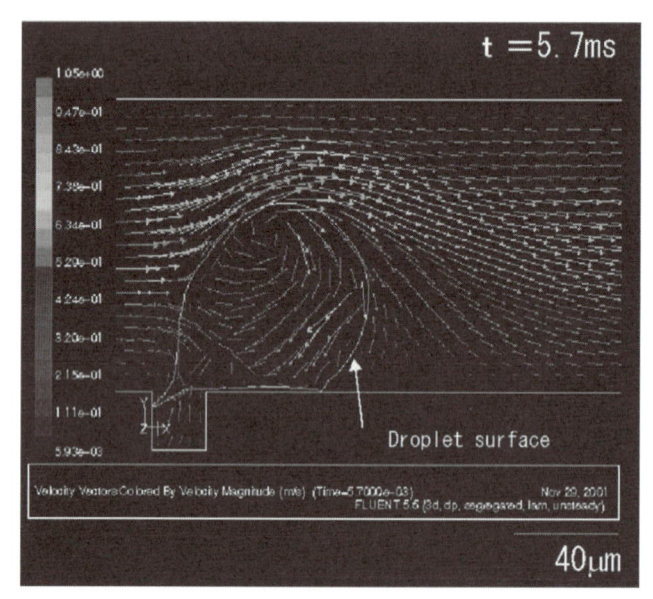

図 8-3　液滴周囲の流れについての CFD 計算

　反応装置の基礎設計を行うためには，実在の反応器の流れの状態を理想化（モデル化）することで，その取り扱いを簡略化する方法がとられている。本章では，はじめに反応器の操作法（流体の流れの違い）による分類として回分操作（Batch operation）と連続操作（Continuous operation）の二つの操作について学習する。次に，流れを理想化した完全混合流れ（Perfectly mixed flow）と押し出し流れ（Plug flow あるいはピストン流れ Piston flow）について説明する。そして，反応器の形と操作法の二つの要素で分類した回分反応器（Batch reactor），連

続槽型反応器（Continuous Stirred Tank Reactor, CSTR）および管型反応器（押し出し流れ反応器，Piston Flow Reactor, PFR）について，それぞれの特徴を理解することを本章の目的とする。

8-1 ■ 回分操作と連続操作

　ここでは反応器として槽型反応器を用い，その中で反応を行うときの流体の流れに関係する操作法について説明する。例えば，絵筆を洗うときに水の入った容器に筆を入れ，かき混ぜて洗う場合と，水道水を流したままで筆を洗う場合がある。前者を回分操作と呼び，後者を連続操作と呼ぶ。

　化学反応によって物質を生産をする場合に，回分操作（図 8-4(a)）は，反応原料をすべて反応器内に仕込んでから反応を開始し，反応が完了するまで一定時間経過した後に反応生成物全体を

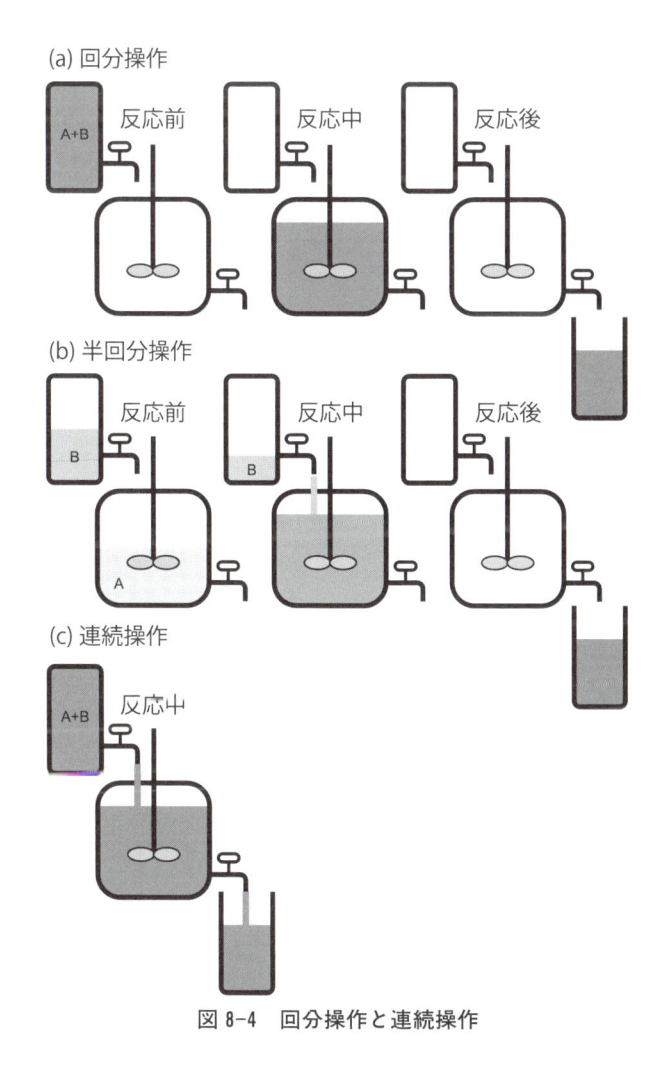

図 8-4　回分操作と連続操作

取り出す操作である。このような操作法は間欠的なので生産性からみると連続操作のほうが有利である。

一方，連続操作（図8-4(c)）は，反応原料を連続的に反応器に供給して反応を行わせ，生成物を反応器から連続的に取り出す操作法であり，流通法とも呼ばれる。

回分操作にも連続操作にも属さない操作法として**半回分操作**（**Semibatch operation**，図8-4(b)）がある。この場合には反応原料の一つである成分Aを反応器に仕込んでおいて，そこにもう一つの原料である成分Bを連続的に流入させながら反応を進める操作法である。そのために反応器内の流体の容積が時間と共に増加しており，成分Bの供給が終了し反応が完了した後に，反応生成物全体を取り出すことになる。

8-2 ■押し出し流れと完全混合流れ

管型反応器では流れに沿った方向を軸方向，流れに対して直角方向を半径方向と呼んで区別す

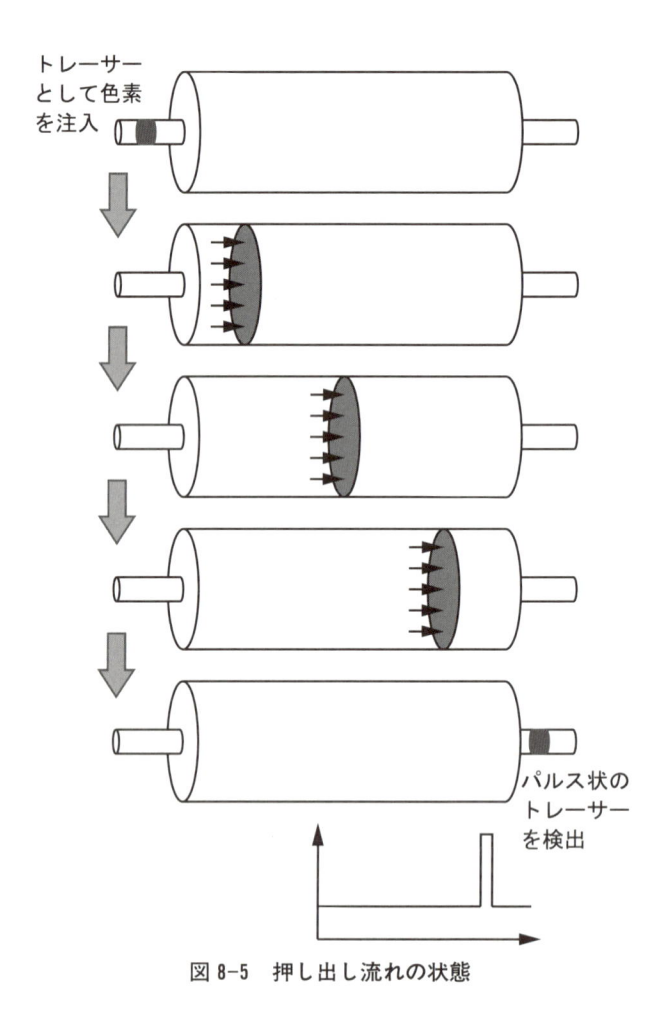

図8-5 押し出し流れの状態

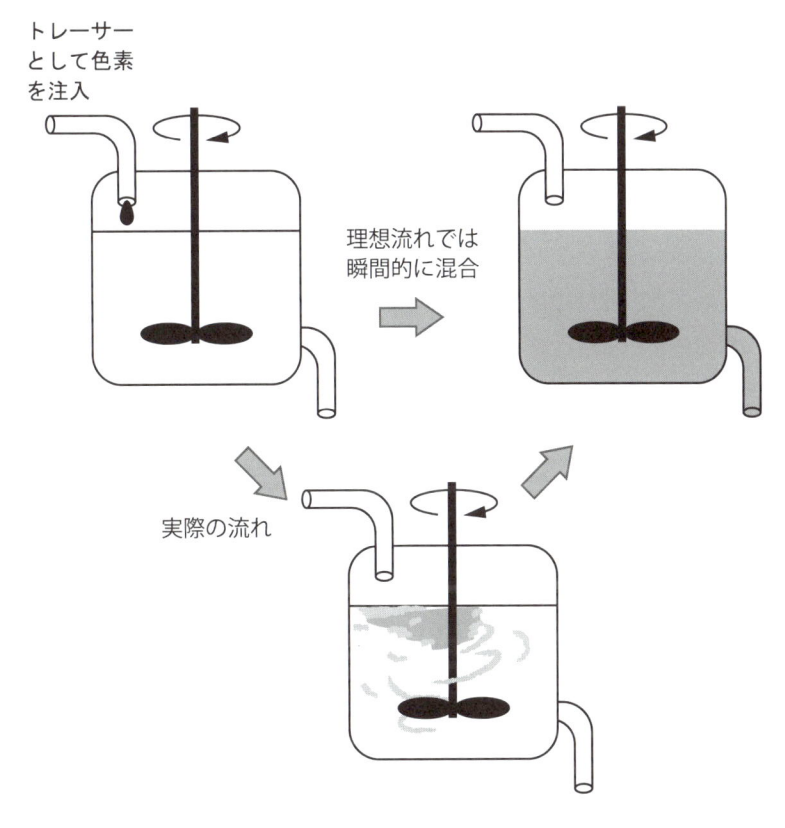

図 8-6 完全混合流れの状態

る．図 8-1 のように層流状態では，管型反応器の中心部の流速が最大で半径方向には放物線を描く速度分布があることはよく知られている．一方，乱流では半径方向の大部分は平均速度が一定であるが，壁近傍では急速に速度が減少する領域があり，層流と同様に壁に接する流体の速度は 0 である．図 8-5 に示すように流れの方向が一定であり，かつ半径方向の流速が一定で速度分布のない流れを**押出し流れ**と呼ぶ．透明な流れの中に微量の色素を注入した場合には色がついた面が次第に場所を変えて，最後には出口へ到達する．出口でこの色素を検知しておくとパルス状の信号を得ることになる．実在の流れでは仮に軸方向の流れが一定であっても**分子拡散（molecular diffusion）**によって色のついた面の幅は広がるが，押し出し流れでは，流れの方向に混合や拡散もなく移動する．押し出し流れは理想化した流れの状態（**理想流れ：Ideal flow**）である．

もう一つの理想流れの状態は回分反応器や連続槽型反応器で用いられる**完全混合流れ**である．この場合には押出し流れとは逆に拡散速度が非常に大きく，一瞬で完全に混合した状態となる．図 8-6 で説明すると，微量の色素を完全混合流れの攪拌槽に注入すると，流体を強制的に激しく攪拌することでその瞬間に完全に液が均一に着色し，出口から着色した液が排出される．実際の攪拌槽では完全に均一になるまでに時間が必要である．

反応工学の基礎段階では，回分反応器と連続槽型反応器は完全混合流れであり，管型反応器は

第 8 章　流体の流れと反応器

押し出し流れであるとして反応器の設計方程式を導く。本書では第 15 章で実在の流れをモデル化し反応器の設計を考える。

8-3 ■反応器の分類

　反応器の名称は操作方法と反応器形状との組み合わせて回分・槽型，連続・槽型そして連続・管型の三つに分類される。回分操作は必ず槽型反応器で行うので回分槽型反応器は回分反応器と呼ぶ。連続操作は槽型反応器でも管型反応器でも可能であるが，逆に管型反応器では回分操作はできないので管型連続反応器は管型反応器と呼ぶ。ただ一つ連続槽型反応器は省略しない。三つの反応器の特徴を表 8-1 に示した。

　反応器の設計法については第 9 章以下で詳細に解説をするが，図 8-7 に示すように第 9 章から第 13 章では単一反応，理想流れ，等温操作，均一反応における三つの反応器の設計法について解説し，第 14 章では複合反応，第 15 章では非理想流れ，第 16 章では非等温反応，第 17 章から第 19 章は気液，気固および気固触媒の不均一反応を解説する。第 20 章では触媒劣化を例として非定常系の取り扱いを簡単に述べる。

表 8-1　反応装置の分類

反応器の名称	回分反応器	連続槽型反応器	管型反応器
操作名称	回分操作	連続操作（流通式操作）	
操作による名称	回分反応器	連続反応器（流通反応器）	
流体の流入と流出	なし	ある	
反応器形状	槽型		管型
混合状態	完全混合　瞬間的に混合		押し出し　混合なし
反応器内の濃度	槽内は均一　時間と共に濃度変化する。　非定常	槽内は均一　時間とは無関係　濃度変化しない　定常	槽内は不均一　時間とは無関係　濃度変化しない　定常
	回分・槽型	連続・槽型	連続・管型

8-3 ■ 反応器の分類

第9-13章	第14章	第15章	第16章	第17-19章
単一反応	複合反応	単一反応	単一反応	単一反応
理想流れ	理想流れ	非理想流れ	理想流れ	理想流れ
等温反応	等温反応	等温反応	非等温反応	等温反応
均相反応	均相反応	均相反応	均相反応	不均相反応

図8-7　反応器設計

演習問題 —第5章〜第8章—

1 液相反応 A → R → S を回分反応器で行った。原料中のA成分の初濃度は 2000 mol·m^{-3} であり，原料中にRとSは含まれない。一定時間反応後の各成分の濃度はAが 800 mol·m^{-3}，Rが 700 mol·m^{-3}，Sが 500 mol·m^{-3} であった。以下の問いに答えよ。

(1) A成分の反応率はいくらか。
(2) 生成物Rの収率はいくらか。
(3) 生成物Rの選択率はいくらか。

2 気相反応 2A + B → C を等温，定圧の条件で管型反応器を用いて行った。原料中にはAとBのみが含まれA成分の初濃度は 800 mol·m^{-3}，B成分の初濃度は 800 mol·m^{-3} としたところ，反応器出口におけるAの反応率は 0.6 であった。反応器出口における成分A，BおよびCの濃度を求めよ。

3 気相反応 2A + B → C は以下の反応速度式で表わされる2次反応である。以下の問いに答えよ。

$$-r_A = k C_A C_B$$

(1) この反応を反応温度 500 K で定圧系の反応器で行うとき，AおよびBの初濃度は 10 mol·m^{-3}，不活性ガス I が 5 mol·m^{-3} 含まれているとき，反応開始時におけるこの反応器内の圧力はいくらか。
(2) この反応の反応速度式 r をAの反応率 x_A の関数として書き表せ。ただし，温度は一定とする。

4 回分反応器を用いて，反応式 A + 2B → C + 2D で表わされる液相反応を行った。初期濃度が C_{A0} = 1000 mol·m^{-3}，C_{B0} = 3000 mol·m^{-3}，C_{C0} = 0 mol·m^{-3}，C_{D0} = 400 mol·m^{-3} である。次の問いに答えよ

(1) 反応終了時のBの濃度が 1800 mol·m^3 であった。Aの反応率はいくらか。
(2) このとき各成分の濃度はいくらか。

5 オクタン（C_8H_{18}）を量論比の2倍量の酸素を含む空気（体積分率：窒素 79 %，酸素 21 %）で完全燃焼した。以下の問いに答えよ。

(1) オクタン 1 kg を燃焼すると二酸化炭素は何 kg 発生するか。
(2) 燃焼ガスの組成を水蒸気を除いた乾き基準の質量百分率で示せ。

6 液相反応 A + B → C を反応器で行うとき，はじめにBの溶液（体積 V_0 [m^3]）を反応器に仕込み，この中に濃度 C_{A0} のAの溶液を一定流量（v [m^3·s^{-1}]）で供給しながら反応を行った。反応速度が成分Aの1次反応のとき，物質収支式を示せ。

第9章 回分反応器の設計

回分反応器を用いて液相反応を行ったときに，限定反応成分であるA成分の反応率x_Aと濃度C_Aとの関係は第5章で定義した。そしてある反応率x_Aにおける反応液中の各成分の濃度C_iについては第6章で明らかにした。さらに議論を深めるには反応時間tと反応率x_Aとの関係が必要であり，それを決定するためには第3章で整理した反応速度式を用いる。そして，第7章で明らかにした反応を伴う場合の物質収支から**設計方程式（Design equation）**を作り，これを解析することで，ある反応時間tにおける反応液中の成分の濃度C_iが決定できる。これが回分反応器の設計の流れである（図9-1）。原料の容積，初期濃度を決めて実験的に反応時間と反応率との関係を定めれば，設計方程式を利用して反応速度式を得ることができる。

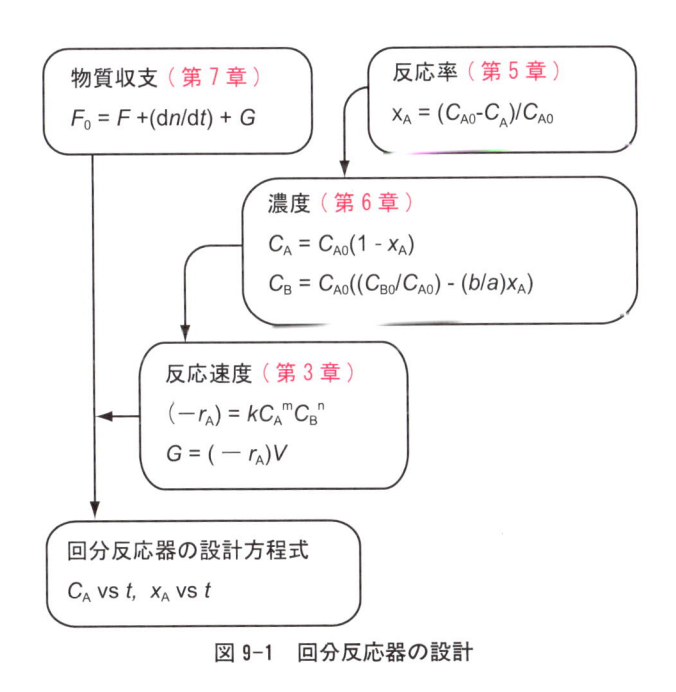

物質収支（第7章）
$F_0 = F + (dn/dt) + G$

反応率（第5章）
$x_A = (C_{A0} - C_A)/C_{A0}$

濃度（第6章）
$C_A = C_{A0}(1 - x_A)$
$C_B = C_{A0}((C_{B0}/C_{A0}) - (b/a)x_A)$

反応速度（第3章）
$(-r_A) = k C_A^m C_B^n$
$G = (-r_A)V$

回分反応器の設計方程式
C_A vs t, x_A vs t

図9-1 回分反応器の設計

9-1 ■ 定容系の回分反応器の設計方程式

第4章4-2で示した反応を伴う物質収支は

（流入の速度）＝（流出の速度）＋（蓄積速度）＋（反応による消失速度） (9-1)

$$F_0 = F + dn/dt + G \tag{9-2}$$

となる。原料中のA成分について物質収支をとるときに，回分反応器は原料の流入と生成物の流出がないので，$F_{A0} = F_A = 0$ なり，(9-2) 式は $-dn_A/dt = G_A$ となる。反応による消失速度 $G_A [\text{mol}\cdot\text{s}^{-1}]$ は時間あたりの濃度変化である反応速度 $(-r_A)$ と流体容積 V の積で表される。したがって，(9-2) 式は次式となる。

$$-dn_A/dt = (-r_A)V \tag{9-3}$$

ここで反応速度が一定であること，すなわち成分濃度が反応器内で均一である条件を満たすために，反応器内は**完全混合流れ**でなければならない。定容回分反応器では V は一定なので，(9-3) 式の両辺を V で割ると次式のように変形できる。

$$-d(n_A/V)/dt = (-r_A) \longrightarrow dC_A/dt = r_A \tag{9-4}$$

これを $t=0$ で濃度 C_{A0}，$t=t$ で濃度 C_A の条件で積分すると

$$t = \int_{C_{A0}}^{C_A} \frac{dC_A}{r_A} = \int_{C_A}^{C_{A0}} \frac{dC_A}{(-r_A)} \tag{9-5}$$

反応速度 r_A は反応と共にA成分が消失するので負の値となる。反応速度 $(-r_A)$ がA成分の濃度 C_A の1次反応

$$(-r_A) = kC_A \tag{9-6}$$

として (9-6) 式を (9-5) 式に代入して解くと

$$t = \frac{1}{k} \int_{C_A}^{C_{A0}} \frac{dC_A}{C_A} = \frac{1}{k} \ln \frac{C_{A0}}{C_A} \tag{9-7}$$

となる。これを変形して指数をとると

$$\ln(C_A/C_{A0}) = -kt \longrightarrow C_A/C_{A0} = \exp(-kt) \tag{9-8}$$

となる。回分反応器で1次反応を行うと，図9-2に示すように濃度が指数関数的に減少することがわかる。また，(9-8) 式には原料流体の容積 V が含まれていない。このことは，反応は回分反応器の大きさと無関係に進行し，反応率が決まることを意味する。つまり全生産速度 (dn/dt) は同じ反応速度 $(-r_A)$ であれば，原料の流体容積 V に比例する。

(9-5) 式の濃度 C_A の代わりに反応率で積分することができる。$C_A = C_{A0}(1-x_A)$ より，境界条件は $t=0$ で $x_A=0$，$t=t$ で x_A となり，反応速度式は $-r_A = kC_{A0}(1-x_A)$ となり，$dC_A = -C_{A0}dx_A$ である。これらの関係を用いて (9-5) 式を整理すると

$$t = C_{A0} \int_0^{x_A} \frac{dx_A}{(-r_A)} = \frac{1}{k} \int_0^{x_A} \frac{dx_A}{(1-x_A)} = -\frac{1}{k} \ln(1-x_A) \tag{9-9}$$

となり，(9-8) 式の結果と一致する。

表9-1には n 次反応における濃度 C_A あるいは反応率 x_A と反応時間 t との関係を示す。

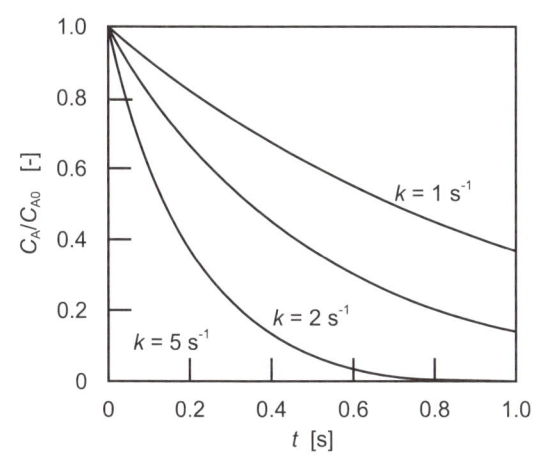

図 9-2 回分反応器を用いた 1 次反応における濃度変化

表 9-1 定容回分反応器における濃度・反応率と反応時間の関係

反応式	反応速度式	濃度（反応率）と反応時間の関係
任意	0 次反応 $(-r_A) = k$	$C_{A0} - C_A = C_{A0}x_A = kt \quad (t < C_{A0}/k)$ $C_{A0} = 0 \quad\quad\quad\quad\quad\quad\quad (t \geq C_{A0}/k)$
任意	1 次反応 $(-r_A) = kC_A$	$-\ln(C_A/C_{A0}) = -\ln(1-x_A) = kt$
任意	2 次反応 $(-r_A) = kC_A^2$	$(1/C_A) - (1/C_{A0}) = (1/C_{A0})[x_A/(1-x_A)] = kt$
A+bB → C	2 次反応 $(-r_A) = kC_A C_B$	$\ln\dfrac{C_{A0}C_B}{C_{B0}C_A} = \ln\dfrac{\theta_B - bx_A}{\theta_B(1-x_A)} = C_{A0}(\theta_B - b)kt$ $(\theta_B = C_{B0}/C_{A0} \neq b)$
任意	n 次反応 $(n \neq 1)$ $(-r_A) = kC_A^n$	$C_A^{1-n} - C_{A0}^{1-n} = C_{A0}^{1-n}[(1-x_A)^{1-n} - 1] = (n-1)kt$

例題 9-1

定容系の回分反応器を用いて液相反応 A+B → C+D を行う。この反応の反応速度式が $(-r_A) = kC_A C_B$（反応速度定数 $k = 0.5 \text{ m}^3 \cdot \text{mol}^{-1} \cdot \text{s}^{-1}$）であるとき，反応時間 t と反応率 x_A との関係を求めよ。A 成分と B 成分の初濃度は $C_{A0} = 2 \text{ mol} \cdot \text{m}^{-3}$，$C_{B0} = 5 \text{ mol} \cdot \text{m}^{-3}$ である。

解 答

反応速度式 $(-r_A)$ を反応率を用いて表すと（6-7）式および（6-8）式より

$C_A = C_{A0}(1 - x_A) = 2(1 - x_A)$

$C_B = C_{A0}[(C_{B0}/C_{A0}) - (1/1)x_A] = 5 - 2x_A$

$$(-r_A) = (0.5)[2(1-x_A)](5-2x_A) = (1-x_A)(5-2x_A)$$

回分反応器の設計方程式は (9-9) 式より

$$t = 2\int_0^{x_A} \frac{\mathrm{d}x_A}{(1-x_A)(5-2x_A)}$$

ここで $1/[(1-x_A)(5-2x_A)] = (1/3)/(1-x_A) - (2/3)/(5-2x_A)$ として上式に代入すると

$$t = \frac{2}{3}\int_0^{x_A} \frac{\mathrm{d}x_A}{(1-x_A)} - \frac{4}{3}\int_0^{x_A} \frac{\mathrm{d}x_A}{(5-2x_A)}$$

$$= -\frac{2}{3}\ln(1-x_A) + \frac{2}{3}\ln\frac{(5-2x_A)}{5}$$

$$= \frac{2}{3}\ln\frac{(5-2x_A)}{5(1-x_A)}$$

9-2 ■定圧系の回分反応器の設計方程式

6-2-2 で述べた定圧系の反応装置で気相反応を行うと,反応に伴って気体の体積が変化する。この場合には物質量 n_A は (5-3) 式から $n_A = n_{A0}(1-x_A)$ となり,気体の体積 V は (6-28) 式から $V = V_0(1+\varepsilon_A x_A)$ となるので,これらを (9-3) 式に代入すると

$$-\mathrm{d}n_A/\mathrm{d}t = -\mathrm{d}[n_{A0}(1-x_A)]/\mathrm{d}t = (-r_A)V_0(1+\varepsilon_A x_A) \tag{9-10}$$

これを $C_{A0} = n_{A0}/V_0$ の関係を用いて整理すると

$$[C_{A0}/(1+\varepsilon_A x_A)](\mathrm{d}x_A/\mathrm{d}t) = (-r_A) \tag{9-11}$$

積分形にすると

$$t = C_{A0}\int_0^{x_A} \frac{\mathrm{d}x_A}{(1+\varepsilon_A x_A)(-r_A)} \tag{9-12}$$

この反応の反応速度式に含まれる各成分の濃度については (6-29) 式や (6-30) 式を用いる。

第10章 管型反応器の設計

　この章では連続反応器の一つである**管型反応器**について物質収支から設計方程式を導く。管型反応器内の流体挙動は**押し出し流れ**であり、反応に伴って反応器の軸方向に連続的に濃度分布が形成される。一定の条件で原料流体を流すと、反応器内の濃度分布および出口における各成分の濃度は時間に依存せず一定の値となる。このように管型反応器の設計には回分反応器で用いた反応時間 t は不要になる。反応時間の代りに連続反応器なので流量 $v\,[\mathrm{m^3 \cdot s^{-1}}]$ あるいは流速 $u\,[\mathrm{m \cdot s^{-1}}]$ が操作因子となり、反応物が管型反応器内を通過する時間が反応性に影響する。

10-1 ■管型反応器の物質収支

　管型反応器では反応器入口近傍で原料濃度が高いので反応速度が大きく、反応が急激に進行する。流体が反応器の内部に流入すると共に濃度が低下するので図10-1に示すような濃度分布を生じる。一般に、反応速度は反応器の軸方向に進むほど濃度が低くなるので小さくなる。このように管型反応器では内部で反応が均一に起こらないので、物質収支式を管型反応器全体に適用することはできない。そこで、図10-2に示すように管型反応器の入口から体積が $V\,[\mathrm{m^3}]$ 離れた箇所にある円盤状の薄片（体積 $\Delta V\,[\mathrm{m^3}]$）について物質収支をとる。

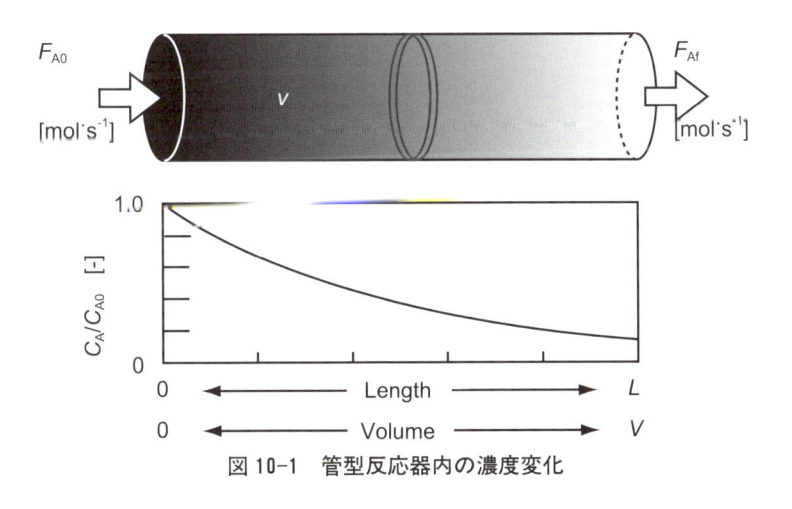

図10-1　管型反応器内の濃度変化

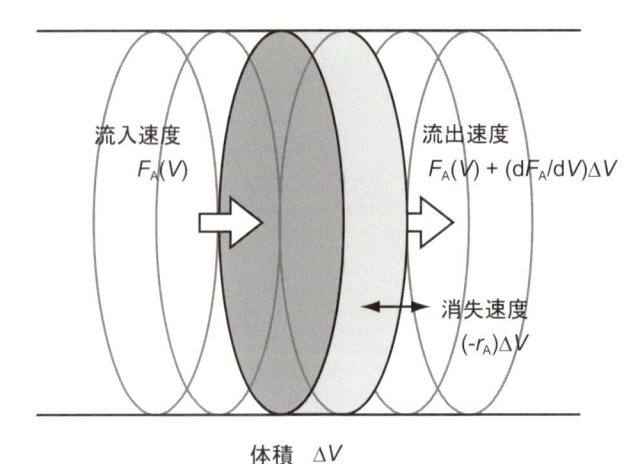

第10章　管型反応器の設計

図10-2　管型反応器内の微小体積における物質収支

　円盤状の薄片を対象にすると回分反応器と同様に基本的には，第4章4-2で示した反応を伴う物質収支を使う。

$$\text{（流入量の流量）} = \text{（流出の流量）} + \text{（蓄積速度）} + \text{（反応による消失速度）} \tag{10-1}$$

$$F_0 = F + dn/dt + G \tag{10-2}$$

管型反応器では流体の流入と流出がある。また，管型反応器では場所的には濃度変化があるが，各場所では時間的に濃度は変化しないので定常状態である。定常状態では時間的な変化を示す蓄積は起こらないので $dn/dt = 0$ であり，物質収支は

$$F_0 = F + G \tag{10-3}$$

となる。もう一度，薄片部分について考える。薄片部分までの体積 V として，その時点におけるA成分の物質量流量を V の関数として $F_A(V)$ とし，薄片の体積 ΔV を加えて薄片部分から流出する物質量流量は $F_A(V+\Delta V)$ で表わされる。物質流量の変化速度を dF_A/dV で表わすと，体積 ΔV の領域における変化量は $(dF_A/dV)\Delta V$ となる。この薄片領域では濃度変化が小さいと考えると，薄片領域内のA成分の消失速度は $(-r_A)\Delta V$ となる。以上を整理すると

　　　流入速度：$F_0 = F_A(V)$

　　　流出速度：$F = F_A(V+\Delta V) \cong F_A(V) + (dF_A/dV)\Delta V$

　　　蓄積速度：$dn/dt = 0$

　　　消失速度：$G = (-r_A)\Delta V$

これらを（10-3）に代入すると

$$F_A(V) = F_A(V) + (dF_A/dV)\Delta V + (-r_A)\Delta V \tag{10-4}$$

となり，これを整理すると

$$-(dF_A/dV) = (-r_A) \tag{10-5}$$

となる。（6-12）式の $F_A = F_{A0}(1-x_A)$ を用いると，$dF_A/dV = -F_{A0}(dx_A/dV)$ なので

$$F_{A0}(dx_A/dV) = (-r_A) \tag{10-6}$$

となる。この物質収支式を管型反応器全体に拡張するには（10-6）式の微分方程式を積分する必要がある。積分した結果は管型反応器の設計方程式となる。

10-2 ■管型反応器の設計方程式

管型反応器の全体積を V とすると，（10-6）式の微分方程式を，入口を示す $V=0$ から出口を示す $V=V$ までの範囲で積分することで管型反応器全体の設計方程式となる。（10-6）式を積分すると

$$\frac{V}{F_{A0}} = \int_0^{x_A} \frac{\mathrm{d}x_A}{(-r_A)} \tag{10-7}$$

ここで，（5-5）式から $F_{A0} = C_{A0}v$ の関係を用いて（10-7）式を整理すると

$$\tau = \frac{V}{v} = C_{A0}\int_0^{x_A} \frac{\mathrm{d}x_A}{(-r_A)} \tag{10-8}$$

となる。ここで，V/v は時間の単位を持ち，管型反応器では図10-3で示すようにA成分が反応器の入口から出口まで滞留する時間を示す。管型反応器は押し出し流れであるために，すべての成分は同じ**滞留時間（Residence time）**となる。この V/v の値は連続反応器の操作を行う上で重要な因子であり，**空間時間（Space time）** $\tau(=V/v)$ と呼ぶ。

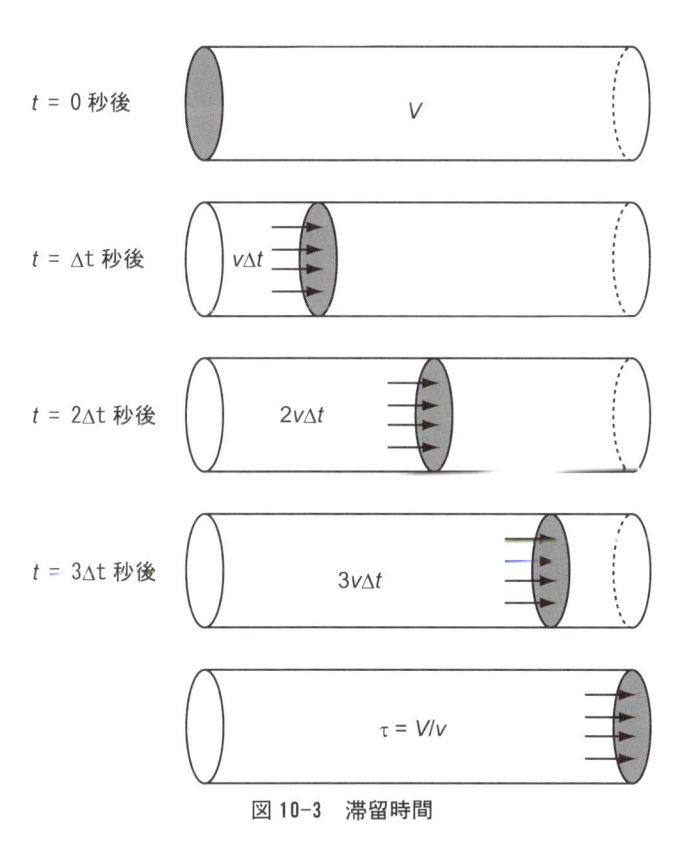

図 10-3　滞留時間

管型反応器で液相1次反応を行うとき，反応速度式は $(-r_A) = k\,C_{A0}(1-x_A)$ なので，これを代入して積分をすると

$$\tau = \frac{1}{k}\int_0^{x_A}\frac{\mathrm{d}x_A}{(1-x_A)} = -\frac{1}{k}\ln(1-x_A) \tag{10-9}$$

となり，この式は回分反応器で導かれた (9-9) 式の時間 t を空間時間 τ に置き換えたものである。このように回分反応器と管型反応器は，特性は大きく異なり，得られた結果の解釈も異なるが，時間を空間時間に置き換えることで設計方程式，積分した結果は同じになる。

管型反応器で気相1次反応を行うとき，反応速度式は C_A 濃度が (6-29) 式で表わされるので，$(-r_A) = k\,C_{A0}(1-x_A)/(1+\varepsilon_A x_A)$ となり，これを代入して積分すると

$$\tau = \frac{1}{k}\int_0^{x_A}\frac{(1+\varepsilon_A x_A)\mathrm{d}x_A}{(1-x_A)} = \frac{(1+\varepsilon_A)}{k}\int_0^{x_A}\frac{\mathrm{d}x_A}{(1-x_A)} - \frac{\varepsilon_A}{k}\int_0^{x_A}\mathrm{d}x_A$$

$$= -\frac{(1+\varepsilon_A)}{k}\ln(1-x_A) - \frac{\varepsilon_A x_A}{k} \tag{10-10}$$

となる。ここで液相反応の場合には $\varepsilon_A = 0$ なので，これを代入すると (10-10) 式の結果は (10-9) 式の結果と一致する。

表 10-1 には n 次反応における濃度あるいは反応率と反応時間との関係を示す。表 10-1 中の $\varepsilon_A = 0$ とすれば定容系における反応設計式となる。1次反応のとき，定容系（$\varepsilon_A = 0$），定圧系で反応と共に反応流体の容積が膨張する場合（$\varepsilon_A = 0.5$）と収縮する場合（$-\varepsilon_A = 0.5$）における空間時間 τ と未反応率（$1-x_A = C_A/C_{A0}$）との関係を図 10-4 に示す。容積が膨張すると反応物の原料濃度が低下するのでみかけの反応速度が遅くなる。

表 10-1 管型反応器を用いた時の濃度・反応率と空間時間との関係

反応式	反応速度式	濃度（反応率）と反応時間の関係
任 意	0次反応 $(-r_A) = k$	$C_{A0}\,x_A = k\tau\quad(\tau < C_{A0}/k)$ $C_{A0} = 0\quad(\tau \geqq C_{A0}/k)$
任 意	1次反応 $(-r_A) = kC_A$	$-(1+\varepsilon_A)\ln(1-x_A) - \varepsilon_A x_A = k\tau$
$A+B\to C$ $(C_{A0}=C_{B0})$	2次反応 $(-r_A) = kC_A C_B$	$2\varepsilon_A(1+\varepsilon_A)\ln(1-x_A) + \varepsilon_A^2 x_A$ $\quad + (1+\varepsilon_A)^2[x_A/(1-x_A)] = k\tau\,C_{A0}$
任 意	2次反応 $(-r_A) = kC_A^2$	
$A+bB\to C$ 	2次反応 $(-r_A) = kC_A C_B$ $(\theta_B/b \neq 1)$	$\varepsilon_A^2 x_A + \dfrac{(1+\varepsilon_A)^2}{(\theta_B/b)-1}\ln\dfrac{1}{(1-x_A)}$ $+ \dfrac{(1+\varepsilon_A\theta_B/b)^2}{(\theta_B/b)-1}\ln\left[\dfrac{(\theta_B/b)-x_A}{\theta_B/b}\right] = k\tau\,C_{A0}b$ $(\theta_B = C_{B0}/C_{A0})$

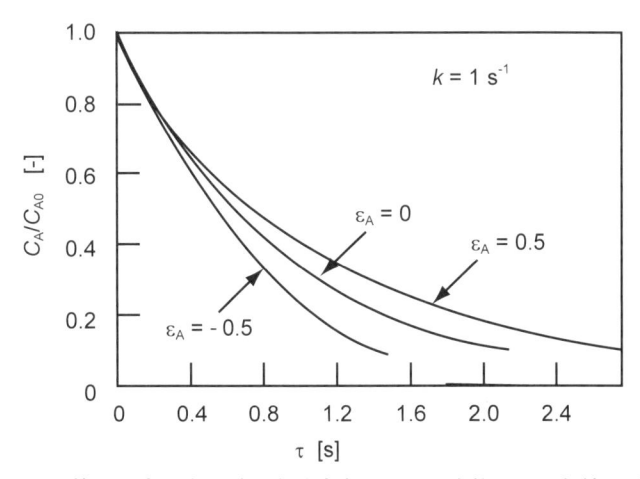

図 10-4　管型反応器内の軸方向濃度変化に及ぼす体積膨張収縮の影響

第 11 章 連続槽型反応器の設計

連続槽型反応器では，原料流体の流入と生成物の流出を伴うが，反応器内は完全混合なので，反応器内のどの場所でも濃度は一定であり，反応器出口で測定した濃度が反応器内部の濃度に等しい。それに加えて定常状態では濃度は時間に無関係であり，前章で紹介した空間時間を用いた設計方程式となる。

11-1 ■ 連続槽型反応器の設計方程式

第 4 章 4-2 で示した反応を伴う物質収支は

(流入の速度) ＝ (流出の速度) ＋ (蓄積速度) ＋ (反応による消失速度)　　(11-1)

$$F_0 = F + dn/dt + G \tag{11-2}$$

となる。連続槽型反応器は完全混合なので反応器内の濃度は一定で，時間的に濃度は変化しない。定常状態では時間的な変化を示す蓄積は起こらないので $dn/dt = 0$ である。物質収支は管型反応器と場合と同様に

$$F_0 = F + G \tag{11-3}$$

である。原料の流入と生成物の流出があり，ここでは A 成分の物質量流量をそれぞれ F_{A0} と F_{Af} とする。反応による消失速度 $G_A [\text{mol} \cdot \text{s}^{-1}]$ は時間あたりの濃度変化である反応速度 $(-r_A)$ と流体容積 V の積となる。また，(6-12) 式の $F_{Af} = F_{A0}(1-x_A)$ の関係から (11-3) 式は

$$\begin{aligned} F_{A0} &= F_{Af} + (-r_A)V \\ &= F_{A0}(1-x_A) + (-r_A)V \end{aligned} \tag{11-4}$$

となる。(5-5) 式から $F_{A0} = C_{A0}v$ の関係を用いて (11-4) 式を整理すると

$$F_{A0}\,x_A = C_{A0}\,v x_A = (-r_A)V \tag{11-5}$$

となり，管型反応器で定義した空間時間 $\tau = V/v$ で整理すると

$$\tau = (V/v) = C_{A0}\,x_A/(-r_A) \tag{11-6}$$

となる。連続槽型反応器を用いて液相 1 次反応を行うとき，反応速度は $(-r_A) = kC_A = kC_{A0}(1-x_A)$ なので，これを (11-6) 式に代入すると

$$\tau = (1/k)[x_A/(1-x_A)] \tag{11-7}$$

となる。一方，連続槽型反応器で気相 1 次反応を行うとき，反応速度式は濃度 C_A が (6-29) 式

表 11-1　連続槽型反応器における濃度・反応率と空間時間の関係

反応式	反応速度式	濃度（反応率）と空間時間の関係
任　意	0 次反応 $(-r_A) = k$	$C_{A0}\, x_A = k\tau$　$(\tau < C_{A0}/k)$ $C_{A0} = 0$　$(\tau \geq C_{A0}/k)$
任　意	1 次反応 $(-r_A) = kC_A$	$x_A(1+\varepsilon_A\, x_A)/(1-x_A) = k\tau$
任　意	2 次反応 $(-r_A) = kC_A^2$	$x_A(1+\varepsilon_A\, x_A)^2/(1-x_A)^2 = k\, C_{A0}\tau$
A+bB→C	2 次反応 $(-r_A) = kC_A C_B$	$x_A(1+\varepsilon_A\, x_A)^2/(1-x_A)(\theta_B - bx_A) = kC_{A0}\tau$ $\theta_B = C_{B0}/C_{A0}$
任　意	n 次反応 $(-r_A) = kC_A^n$	$x_A(1+\varepsilon_A\, x_A)^n/(1-x_A)^n = kC_{A0}^{n-1}\tau$

で表わされるので，$(-r_A) = k\, C_{A0}(1-x_A)/(1+\varepsilon_A x_A)$ となり，これを代入して

$$\tau = (1/k)[x_A(1+\varepsilon_A\, x_A)/(1-x_A)] \tag{11-8}$$

となる．1 次反応以外の濃度（反応率）と空間時間との関係を表 11-1 に示す．

11-2 ■直列に連結した連続槽型反応器

図 11-1 に示すように三つの連続槽型反応器を直列に連結し，液相反応を行う場合の設計方程式を考える．反応は A 成分の濃度の 1 次反応とし，それぞれの反応器内の液体積 V が等しいとき，液流量を v とすると空間時間は $\tau = V/v$ となる．1 番目の反応器の入口および出口濃度をそれぞれ C_{A0} および C_{A1}，2 番目および 3 番目の出口濃度はそれぞれ C_{A2} および C_{A3} とする．空間時間 τ と反応率 x_A の関係は（11-7）式より

$$k\tau = x_A/(1-x_A) \tag{11-9}$$

となり，これを変形すると $x_A = k\tau/(1+k\tau)$ あるいは $(1-x_A) = 1/(1+k\tau)$ となる．したがっ

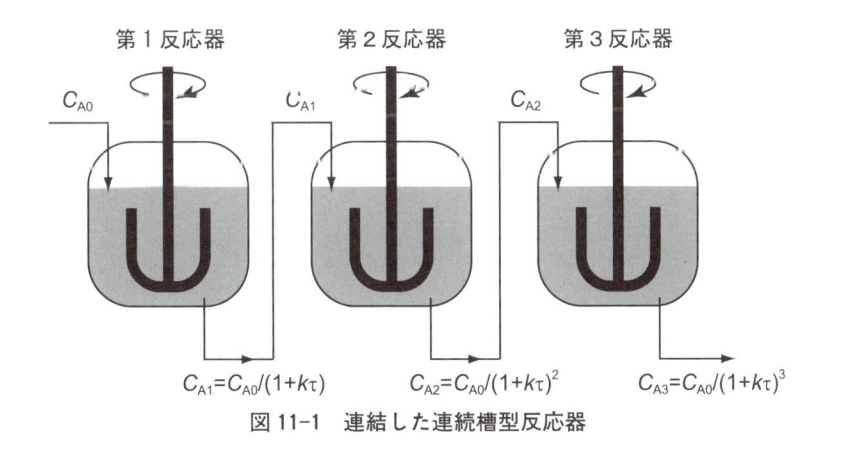

図 11-1　連結した連続槽型反応器

第 1 反応器：$C_{A1} = C_{A0}/(1+k\tau)$
第 2 反応器：$C_{A2} = C_{A0}/(1+k\tau)^2$
第 3 反応器：$C_{A3} = C_{A0}/(1+k\tau)^3$

て，1番目の反応器における C_{A1}/C_{A0} は

$$C_{A1}/C_{A0} = (1-x_A) = 1/(1+k\tau) \tag{11-10}$$

この関係は2番目および3番目の反応器でも成り立つので

$$C_{A2}/C_{A1} = 1/(1+k\tau) \ \text{および} \ C_{A3}/C_{A2} = 1/(1+k\tau) \tag{11-11}$$

直列に配置した反応器を一つの反応器とみなすと，入口濃度および出口濃度がそれぞれ C_{A0} および C_{A3} となるので，全体の反応率として x_A を再定義すると，

$$C_{A3}/C_{A0} = (C_{A3}/C_{A2})(C_{A2}/C_{A1})(C_{A1}/C_{A0}) = (1-x_A) = 1/(1+k\tau)^3 \tag{11-12}$$

この関係は N 個の反応器を直列に連結した場合にも成り立つので

$$C_{AN}/C_{A0} = (1-x_A) = 1/(1+k\tau)^N \tag{11-13}$$

となる。連絡した連続槽型反応器の特性を利用して，実際の反応器を解析する方法として15章15-6の槽列モデルがある。

例題 11-1

液相反応 A → C の反応速度式は $(-r_A) = kC_A$ であり，その反応速度定数は $k=0.1\,\text{s}^{-1}$ で表わされる。この反応を流体体積 $3\,\text{m}^3$ の連続槽型反応器1台で行う場合と，流体体積を $1\,\text{m}^3$ とした連続槽型反応器3台を直列に連結した場合の反応率を求めよ。ただし流体流量はどちらも $0.1\,\text{m}^3\cdot\text{s}^{-1}$ とする。

解 答

(1) 連続槽型反応器1台の場合，$k\tau = (0.1)(3/0.1) = 3$，(11-9) 式を変形して
$$x_A = k\tau/(1+k\tau) = 3/4 = 0.75$$

(2) 連続槽型反応器3台の場合，$k\tau = (0.1)(1/0.1) = 1$，(11-12) 式を変形して
$$x_A = 1-1/(1+k\tau)^3 = 1-1/(1+1)^3 = 0.875$$

このように，連続槽型反応器を直列に配置するほど反応率は増大する。

第12章 反応器の比較

　反応速度式が複雑になると，回分反応器では（9-5）式，管型反応器では（10-8）式の積分を解析的に行うことが困難である。このような場合には**数値積分法（Numerical integration）**で反応時間や空間時間を決定しなければならない。パソコンがあれば数値積分により瞬時に回答はでてくる。この章では図を用いて，数値積分の意味を理解し，次に連続反応器である管型反応器と連続槽型反応器の性能について図を用いて解説する。

12-1 ■ 数値積分から求めた空間時間

　回分反応器の設計方程式である（9-5）式，管型反応器の設計方程式である（10-8）式は，左辺が反応時間 t と空間時間 τ の違いはあるが，右辺は同じ積分形である。この右辺の数値積分は横軸に反応率 x_A をとり，その x_A に対する $C_{A0}/(-r_A)$ の値を反応率が 0 から x_A の範囲で縦軸にプロットすると曲線が得られる。この曲線と横軸で囲まれた面積が t あるいは τ の値となる。

　液相反応で反応が 1 次のときには解析解を得ることができるが，ここでは一例として $(-r_A) = kC_A = kC_{A0}(1-x_A)$，反応速度定数 $k = 1\,\mathrm{s}^{-1}$，初濃度 $C_{A0} = 1\,\mathrm{mol\cdot m^{-3}}$ として反応率 $x_A = 0$ から 0.8 までの $C_{A0}/(-r_A)$ の値を計算し，以下に示した。

$$
\begin{aligned}
x_A &= 0   & (-r_A) &= 1   & C_{A0}/(-r_A) &= 1 \\
x_A &= 0.1 & (-r_A) &= 0.9 & C_{A0}/(-r_A) &= 1.11 \\
x_A &= 0.2 & (-r_A) &= 0.8 & C_{A0}/(-r_A) &= 1.25 \\
x_A &= 0.3 & (-r_A) &= 0.7 & C_{A0}/(-r_A) &= 1.43 \\
x_A &= 0.4 & (-r_A) &= 0.6 & C_{A0}/(-r_A) &= 1.67 \\
x_A &= 0.5 & (-r_A) &= 0.5 & C_{A0}/(-r_A) &= 2 \\
x_A &= 0.6 & (-r_A) &= 0.4 & C_{A0}/(-r_A) &= 2.5 \\
x_A &= 0.7 & (-r_A) &= 0.3 & C_{A0}/(-r_A) &= 3.33 \\
x_A &= 0.8 & (-r_A) &= 0.2 & C_{A0}/(-r_A) &= 5
\end{aligned}
$$

　図 12-1 にはこれらの値をプロットした図を示す。図中斜線部の面積が反応時間 t あるいは空間時間 τ となる。実際に上で示した値を用いて，図 12-2 に示す台形近似で面積を求めると

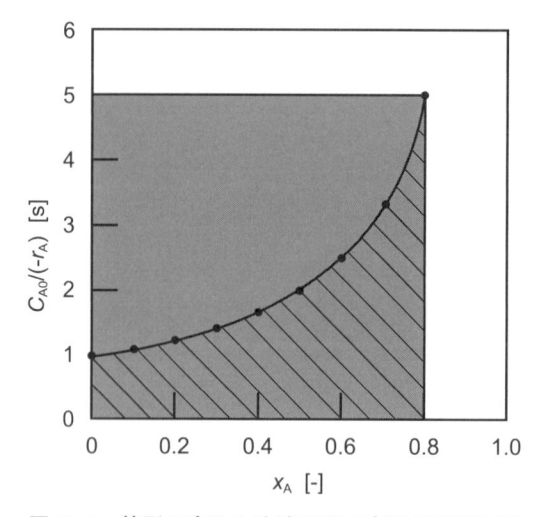

図 12-1　管型反応器と連続槽型反応器の空間時間

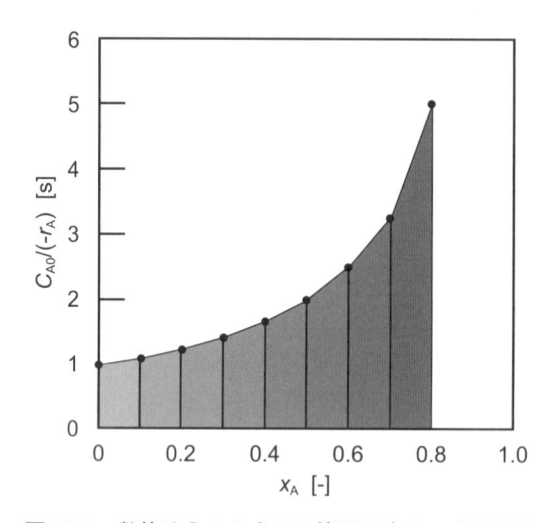

図 12-2　数値積分より求めた管型反応器の空間時間

$$t\ あるいは\ \tau = [(0.1)/2][(1+1.11) + (1.11+1.25)+\cdots\cdots\cdots$$
$$\cdots\cdots\cdots+ (2.5+3.33) + (3.33+5)] = 1.63\,\text{s}$$

となる。(9-9) 式あるいは (10-9) 式の解析解は

$$t\ あるいは\ \tau = -(1/k)\ln(1-x_A) = -\ln 0.2 = 1.61\,\text{s}$$

となり，数値積分の値とほぼ一致した。

連続槽型反応器では空間時間 τ は $C_{A0}\,x_A/(-r_A)$ なので，これは反応率 x_A における $C_{A0}/(-r_A)$ の値を求めて，両者を掛け合わせることを意味している。図 12-1 では太線で囲まれた面積である。先ほどの例では反応率 $x_A = 0.8$ で $C_{A0}/(-r_A) = 5$ なので，空間時間 τ は 4 s となる。

以上の結果を整理すると，反応速度が濃度の増加と共に単調に増加する反応では，同じ反応率 x_A に到達するために必要な空間時間 τ は，連続槽型反応器に比べて管型反応器が小さい。τ が小さいということは

(1) 同じ流量で反応を行うときには，流体の体積が小さいということなので，反応器自体の容積が小さくてよい。すなわち，管型反応器は連続槽型反応器よりコンパクトな装置となる。

(2) 同じ反応器の容量で，反応器内の流体の体積が等しいときには，管型反応器は連続槽型反応器よりも流体の流量を大きくとることができる。これは管型反応器は連続槽型反応器より生産速度が大きいことを示している。

このように反応器の反応性を比較すると，管型反応器は連続槽型反応器よりも優れている。

12-2 ■混合と反応

実験をしているときには，反応を進めるためには攪拌すると反応が進むように感じるが，12-1 の結果をみると十分に混合している連続槽型反応器に比べ，混合のない管型反応器のほうが反応が進んでいる。理想的に混合のない押し出し流れと，瞬時に混合が起こる完全混合と，実験で経験している攪拌による混合は何が異なるのかを明らかにする。

実際に行っている攪拌操作は，原料あるいは原料と触媒の接触をよくすることや反応温度を均一にすること，あるいは外部との伝熱速度を上げる目的で行われている。ここまで取り扱ってきた反応装置設計は均相系反応器を取り扱っており，原料と触媒との接触や液体中の液滴や気泡などの相の異なる成分の接触は必要なく，その意味で攪拌は影響していない。また，図 12-3 に示すように，均相系反応器についても，例えば温度を低くして反応が停止する条件で原料を完全に混合し，この状態で加熱した反応器に原料を供給すると，すぐに温度が上がって反応が進行すると考えれば，原料の攪拌操作は均相系反応器の設計方程式に何ら影響を与えない。したがって，

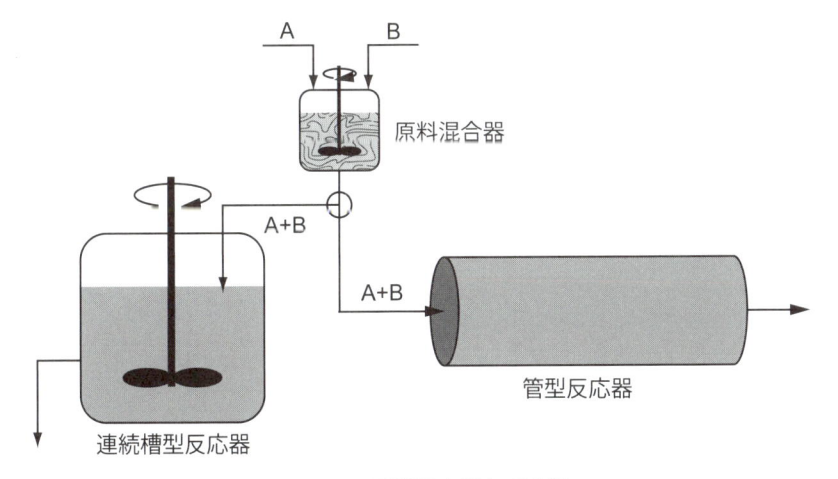

図 12-3　原料混合器と反応器

反応器内だけで比較すると，連続槽型反応器では原料を供給した瞬間に原料の一部は出口から排出されために，同じ滞留時間で比較して管型反応器より反応率は低くなる。

12-3 ■反応器の連結による空間時間制御

三つの連続槽型反応器を直列に連結し，液相反応を行う場合についての設計方程式について第11章で解析解を得た。もう一度，図を用いて，その意味を考える。反応については 12-1 と同様に 1 次反応で，反応速度定数 $k=1\,\mathrm{s}^{-1}$，初濃度 $C_{A0} = 1\,\mathrm{mol\cdot m^{-3}}$ とする。反応率 x_A と $C_{A0}/(-r_A)$ との関係は図 12-4 となる。反応率 x_A が 0.8 となる空間時間 τ は（11-12）式より求めると

$$(1-x_A) = (1-0.8) = 0.2 = 1/(1+\tau)^3$$

より，$\tau = 0.71$ となる。このとき，第 1 および第 2 反応器出口の反応率はそれぞれ

$$x_A = 1-1/(1+0.71) = 0.415$$
$$x_A = 1-1/(1+0.71)^2 = 0.658$$

となる。各反応器の空間時間は等しいので，これを図 12-4 に示すと，図中の τ_1，τ_2 および τ_3 で示される面積がすべて等しいことになる。この反応を一つの連続槽型反応器で行ったときには，原点と $x_A=0.8$ と $C_{A0}/(-r_A) = 5$ で囲まれる面積が空間時間となる。したがって，連続槽型反応器を直列に組み合わせると，短い空間時間で所定の反応率を得ることができる。分割する数をさらに増やしていくと，次第に管型反応器の空間時間の値に近づいていく。一方，大きな管型反応器を切断して三つの管型反応器とし，これを直列に連結しても反応率は変わらない。

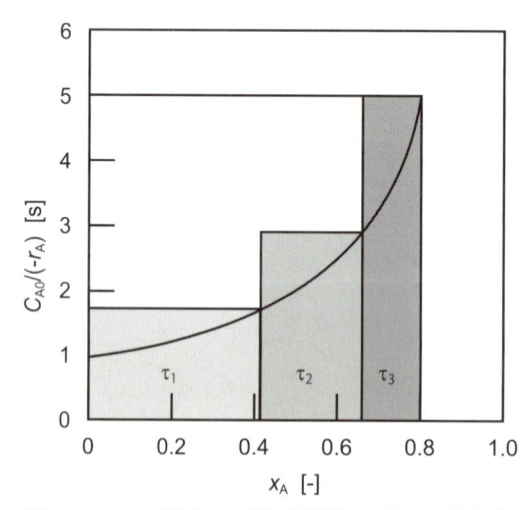

図 12-4 三つ連結した連続槽型反応器の空間時間

第3章で示したラングミュア-ヒンシェルウッド型の反応速度を持つ反応を行う。

$$(-r_A) = kC_A/(1+KC_A)^2$$
$$= kC_{A0}(1-x_A)/[1+KC_{A0}(1-x_A)]^2 \tag{12-1}$$

ここで $k=1\,\text{s}^{-1}$, $K=2\,\text{m}^3\cdot\text{mol}^{-1}$, $C_{A0}=1\,\text{mol}\cdot\text{m}^{-3}$ として（12-1）式を変形すると

$$C_{A0}/(-r_A) = [1+2(1-x_A)]^2/(1-x_A) \tag{12-2}$$

となり，これを計算すると図12-5の曲線なる。この反応は反応初期（$x_A=0$から0.5）には，x_Aの増加と共に $C_{A0}/(-r_A)$ が減少しているので，反応の進行と共に反応速度が増大していることを示す。これは図12-1に示す1次反応とは逆の傾向である。したがって，反応率0.5までは管型反応器より連続槽型反応器の反応性が高い。反応率 x_A が0.5以上では，反応の進行とともに反応速度が減少するので，ここでは管型反応器が適している。したがって，この反応の場合の最適な反応システムは連続槽型反応器の後方に管型反応器を配置する組み合わせとなる。

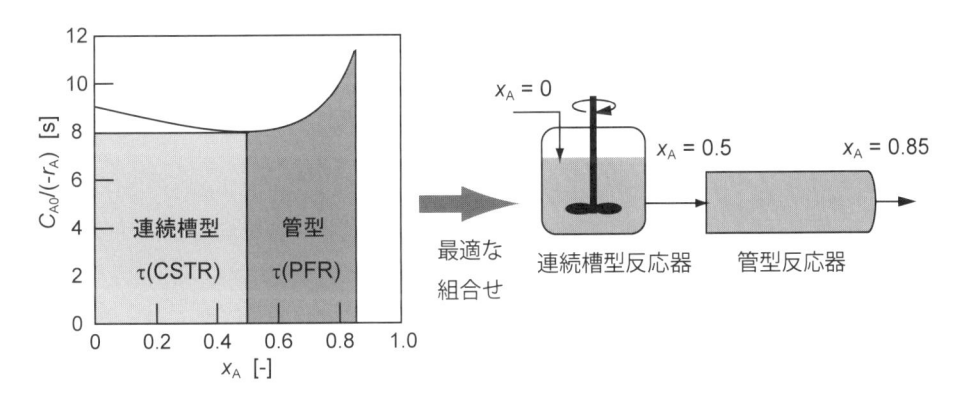

図12-5 ラングミュア-ヒンシェルウッド型反応における最適設計

演習問題 —第9章〜第12章—

1. 液相反応 A → C を回分反応器で行った。A の初濃度 $C_{A0} = 4.56\ \text{kmol}\cdot\text{m}^{-3}$ で 1 分後の濃度が $3.94\ \text{kmol}\cdot\text{m}^{-3}$ まで低下した。この反応が A の 2 次反応のとき反応速度定数はいくらか。

2. 液相反応 A → C を回分反応器で行った。以下の問いに答えよ
   (1) 反応速度式が $-r_A = 8\times10^{-4}C_A\ [\text{kmol}\cdot\text{m}^{-3}\cdot\text{s}^{-1}]$ であり，A 成分の初濃度 $C_{A0} = 1\ \text{kmol}\cdot\text{m}^{-3}$ のとき，反応率が 60 % となるまでの時間はいくらか。
   (2) (1)と同じ条件で反応速度式が $-r_A = 8\times10^{-4}C_A - 2\times10^{-4}C_C\ [\text{kmol}\cdot\text{m}^{-3}\cdot\text{s}^{-1}]$ のとき，反応率が 60 % となるまでの時間はいくらか。

3. 液相反応 A → C は A 成分の 1 次反応である。この反応を管型反応器で実施したところ反応率 $x_A = 0.9$ となった。以下の問いに答えよ。
   (1) この反応を同じ反応条件で連続槽型反応器を用いて実施すると反応率はいくらになるか。
   (2) 同じ管型反応器を用い，他の条件は変えずに反応率を 0.99 にするには，流量を最初の条件に比べてどのくらい下げればよいか。

4. 液相反応 A → C を回分反応器で行い，下表に示す反応速度式を得た。次の各問に答えよ。
   (1) この反応を A 成分の入口濃度 $C_{A0}=1.0\ \text{kmol}\cdot\text{m}^{-3}$，物質量流量 $F_{A0}= 3\ \text{kmol}\cdot\text{h}^{-1}$ で管型反応器に供給した。反応率 60% を得るのに必要な反応器容積を求めよ。
   (2) 連続槽型反応器を用いて，管型反応器と同じ条件で反応を行うとき，反応率 60% を得るのに必要な反応器容積を求めよ。

$C_A[\text{kmol}\cdot\text{m}^{-3}]$	0.1	0.2	0.3	0.4	0.5	0.6	0.7	0.8	0.9	1.0
$-r_A[\text{kmol}\cdot\text{m}^3\cdot\text{h}^{-1}]$	0.54	0.67	0.79	0.88	0.92	0.86	0.75	0.62	0.48	0.40

5. 液相反応 A → C は以下の反応速度式で表わされる。
   $$-r_A = kC_A^2$$
   この反応を連続槽型反応器で行ったところ，反応器出口における A 成分の反応率は 0.6 であった。同じ容積を持つ連続槽型反応器を下流に設置すると出口における A の濃度はいくらになるか。原料中の A 成分の初濃度は $2000\ \text{mol}\cdot\text{m}^{-3}$ である。

6. 気相反応 A → 2C は A 成分の 2 次反応であり，反応速度定数は $0.1\ \text{m}^3\cdot\text{mol}^{-1}\cdot\text{s}^{-1}$ である。この反応を容積 1 L の管型反応器を用いて行った。反応温度 327℃，圧力 200 kPa で原料組成は体積分率で A 成分が 60%，残りは不活性ガスである。以下の問いに答えよ
   (1) A 成分の初濃度 $C_{A0}[\text{mol}\cdot\text{m}^{-3}]$ はいくらか。
   (2) ε_A はいくらか。
   (3) 出口における A 成分の反応率を 0.8 にするための流量はいくらか。

第13章 反応速度解析

　第9章から第11章では反応速度を利用してさまざまな反応器の容積，流量あるいは反応時間などを決定するための設計方程式について学んだ。反応速度はどのようにして決定したかというと，実はある実験室規模の反応器を用いて，原料が速やかに混合して反応するような条件を作り，所定の反応時間あるいは空間時間における反応率を測定する。この結果を用いて反応速度式を決定している。本章では各反応器の設計方程式を用いて反応速度式を決める方法について述べる。

13-1 ■ 回分反応器を用いた反応速度解析

13-1-1　液相反応

　回分反応器を用いて液相反応を行い，反応物の限定反応成分 A の濃度の経時変化を測定する。回分反応器では (9-4) 式より

$$r_A = dC_A/dt \tag{13-1}$$

の関係がある。図13-1に示すように，反応時間 t に対して測定した濃度 C_A をプロットし，これらのデータに対して滑らかな曲線を描く。ある濃度 C_{Ai} における曲線の接線（勾配, dC_{Ai}/dt_i）が反応速度 r_{Ai} となる。このとき r_{Ai} は負の値となる。

　反応速度が濃度 C_A の n 次反応と仮定すると

$$(-r_A) = kC_A^n \tag{13-2}$$

となる。(13-2) 式の両辺の常用対数をとると

$$\log(-r_A) = n \log C_A + \log k \tag{13-3}$$

となるので，接線の勾配から求めた反応速度の対数値 $\log(-r_{Ai})$ を縦軸に，そのときの濃度の対数値 $\log C_{Ai}$ を横軸にプロットする。図13-1に示すようにプロットした値を結んで直線になる場合には，(13-3) 式の関係から，その勾配が次数 n となり，$\log C_A = 0$ における $\log(-r_A)$ の値が $\log k$ と等しくなるので，反応速度定数 k が決定できる。図13-2に示すように普通方眼紙では $(-r_{Ai})$ と C_{Ai} をプロットすると n 次反応（n≠0, 1）は曲線となるが，両対数方眼紙では対数値に変換することなく値を直接プロットでき，その傾きが次数 n となる。両対数方眼紙では 0 という値はないので，このときは $C_A = 1$ における値が k となる。

第13章 反応速度解析

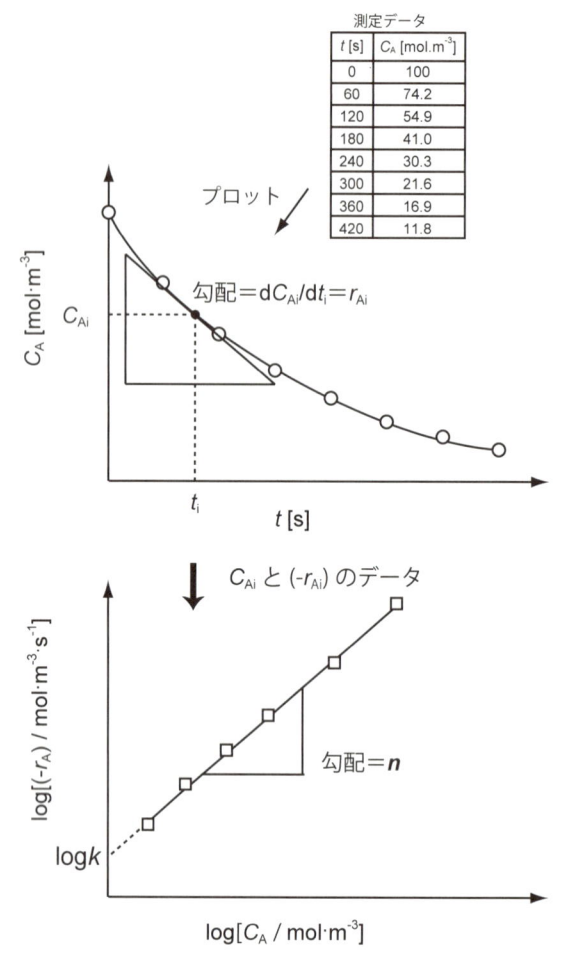

測定データ	
t [s]	C_A [mol·m^{-3}]
0	100
60	74.2
120	54.9
180	41.0
240	30.3
300	21.6
360	16.9
420	11.8

図 13-1 回分反応器の濃度変化からの反応速度式の決定法

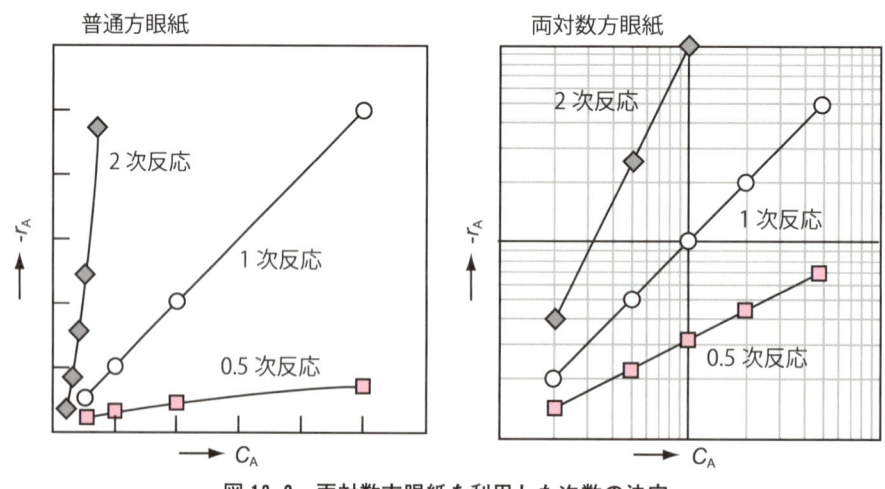

図 13-2 両対数方眼紙を利用した次数の決定

13-1-2 気相反応

気相反応を定容回分反応器で行った場合には，全圧の経時変化を測定することで反応速度の解析が可能である。反応前後の物質量の関係は，物質量の増減を表わす係数 ε_A を用い (6-20) 式より

$$n_t = n_{t0}(1+\varepsilon_A x_A) \tag{13-4}$$

となる。等温で定容反応器のとき，全成分の物質量 n は全圧 P に比例するので，

$$P_t = P_{t0}(1+\varepsilon_A x_A) \tag{13-5}$$

となる。この式を反応率 x_A について整理すると次式となる。

$$x_A = (P_t - P_{t0})/\varepsilon_A P_{t0} \tag{13-6}$$

反応時間 t における全圧 P_t を測定すれば (13-6) 式を用いて，x_A を決定することができる。x_A は $C_A = C_{A0}(1-x_A)$ を用いて容易に濃度に変換できる。濃度の時間変化が明らかになれば13-1節で説明した方法を用いて反応速度式を決定できる。ただし，反応の進行に伴い物質量の変化が起きない場合（$\varepsilon_A=0$）には圧力変化が起こらないので，圧力から反応速度式を決定することはできない。

13-2 ■連続反応器を用いた反応速度解析

管型反応器を用いて反応速度解析をする方法としては，出口における反応率 x_{Af} を5％程度以下になるように実験装置を設計し，流量で微調整して反応試験を行う。このような反応器を**微分反応器（Differential reactor）**と呼ぶ。微分反応器では，管型反応器の設計方程式の (10-6) 式を差分化して近似できる。

$$\begin{aligned}(-r_A) &= F_{A0}(dx_A/dv) \quad (dx_A/dV \to \Delta x_A/\Delta V) \\ &= F_{A0}(\Delta x_A/\Delta V) \\ &= (C_{A0}/\tau)\Delta x_A \end{aligned} \tag{13-7}$$

出口の反応率 x_{Af} が小さい場合には $\Delta x_A = x_{Af}$ なので，(13-7) 式より直接反応速度が決定できる。したがって，出口の反応率が小さいほど正確に反応速度が決定できるが，逆に反応率自身の精度を確認する必要がある。微分反応器を用いて初濃度 C_{A0} を変化させて反応速度（$-r_A$）を決定し，両者の関係から反応速度定数を決定できる。この時用いる C_A は反応率が $\Delta x_A/2$ の値を用いる。連続槽型反応器についても管型反応器と同様に微分反応器となるような条件を選択すれば反応速度式を決定できる。

管型反応器で出口の反応率 x_{Af} が大きい場合には，**積分反応器（Integral reactor）**としての解析をしなければならない。この場合には回分反応器における反応時間 t を管型反応器の空間時間 τ に，回分反応器で時間 t における反応率 x_A を管型反応器では出口の反応率 x_{Af} に置き換えれば，13-1 で示した回分反応器と同じ方法で反応速度式を決定することができる。

反応速度式の決定法を整理して表 13-1 に示す。

表 13-1 反応速度式の決定法

反応器の種類	回分反応器	連続反応器 積分反応器	連続反応器 微分反応器
必要実験回数	1回	複数回 流量を変化	複数回 初濃度と流量を変化
測定	濃度の時間変化	空間時間と濃度との関係	反応器出口濃度から (13-7) 式を用いて直接反応速度を決定
反応速度の決定	接線の勾配から 反応速度		
反応速度式の決定	濃度と反応速度の関係より (13-3) 式から 反応速度定数と反応次数を決定		

第14章 複合反応における反応器設計

　反応器設計で，ここまでに取り扱った問題は着目する反応が一つである単一反応であった。実際に取り扱う多くの反応系では，いくつかの反応が同時に起こる**複合反応**である。第5章で示したように複合反応では主生成物と共に副生成物が生成する。そのため，主生成物を効率よく生産する設計を心掛ける必要がある。単一反応では反応率中心の設計であったのに対して，複合反応では反応率と収率の両面からのアプローチが必要である。本章では，複合反応を理解することを目的とするために，液相1次反応からなる並列反応あるいは逐次反応における反応特性について解説する。

14-1 ■並列反応の濃度変化

　並列反応の最も簡単な例として，A成分の分解反応を考える。A成分を分解して目的とするR成分を得る反応が主反応であり，この反応と同時にA成分は分解して副生成物Sとなる。

$$A \longrightarrow R(+B) \qquad r_1 = k_1 C_A \tag{14-1}$$

$$A \longrightarrow S(+C) \qquad r_2 = k_2 C_A \tag{14-2}$$

分解反応の主反応ではB成分が，副反応ではC成分が生成し，これらの成分も副生成物である。この例では主反応および副反応の反応速度式にBおよびC成分の濃度項が含まれていないので，これらの成分を考慮せずに反応器設計を進めることができる。A成分とR成分について回分反応器の設計方程式は（9-4）式より

$$dC_A/dt = -(r_1+r_2) = -(k_1+k_2)C_A \tag{14-3}$$

$$dC_R/dt = r_1 = k_1 C_A \tag{14-4}$$

S成分の濃度は物質収支から

$$C_S - C_{S0} = (C_{A0} - C_A) - (C_R - C_{R0}) \tag{14-5}$$

　通常の反応操作では原料中に生成物であるR成分とS成分が含まれてないことが多いので，$C_{R0} = C_{S0} = 0$とする。このときS成分の濃度は

第14章 複合反応における反応器設計

$$C_S = (C_{A0} - C_A) - C_R \tag{14-6}$$

で表わされ，A成分とR成分の濃度変化がわかれば，(14-6) 式からS成分の濃度変化を決めることができる。ここで，(14-4) 式を (14-3) 式で割ると

$$dC_R/(-dC_A) = k_1/(k_1+k_2) = 1/(1+\kappa) \tag{14-7}$$

となる。ここに $\kappa = k_2/k_1$ とした。(14-7) 式を $t=0$ で $C_A = C_{A0}$，$C_R = 0$ の条件で積分すると

$$\int_0^{C_R} dC_R = \frac{-1}{1+\kappa} \int_{C_{A0}}^{C_A} dC_A$$

$$C_R = (-1/(1+\kappa))(C_A - C_{A0}) \tag{14-8}$$

A成分の濃度変化は (14-3) 式から（導出は第9章 9-1 を参照）

$$C_A/C_{A0} = \exp[-(k_1+k_2)t] \tag{14-9}$$

となるので，(14-9) 式の C_A を (14-8) 式に代入して整理すると，R成分の濃度変化が得られる。

$$C_R/C_{A0} = (1/(1+\kappa))[1-\exp\{-(1+\kappa)k_1 t\}] \tag{14-10}$$

となり，S成分の濃度変化は (14-6) 式に (14-9) 式，(14-10) 式の C_A と C_R を代入することで

$$C_S/C_{A0} = (\kappa/(1+\kappa))[1-\exp\{-(1+\kappa)k_1 t\}] \tag{14-11}$$

となる。(14-10) 式と (14-11) 式から，S成分の濃度変化はR成分の濃度変化の値を $\kappa(=k_2/k_1)$ 倍した値となる。すなわち $k_2/k_1 > 1$ ではS成分が，$k_2/k_1 < 1$ ではR成分が優先的に生成し，生成速度比は時間に無関係なので，選択率 $S_R[=C_R/(C_{A0}-C_A) = 1/(1+\kappa)]$ は変化しない。各成分の濃度変化を図 14-1(a) に示す。ここでは $k_2/k_1 = 0.5$ として計算した。また，第9章と第10章の結果から回分反応器と管型反応器の設計方程式は，反応時間 t を空間時間 τ に置き換えれば全く同じ解析結果が得られることから，(14-9) 式から (14-11) 式について t を τ に変換することで管型反応器の濃度変化が得られる。

図 14-1(b) には同じ条件で並列反応を連続槽型反応器で行った場合の濃度変化を示す。管型反応器に比べて同じ空間率におけるAの反応率は低くなるが，R成分とS成分の選択率が時間と共に変化しない点は両反応器で共通である。

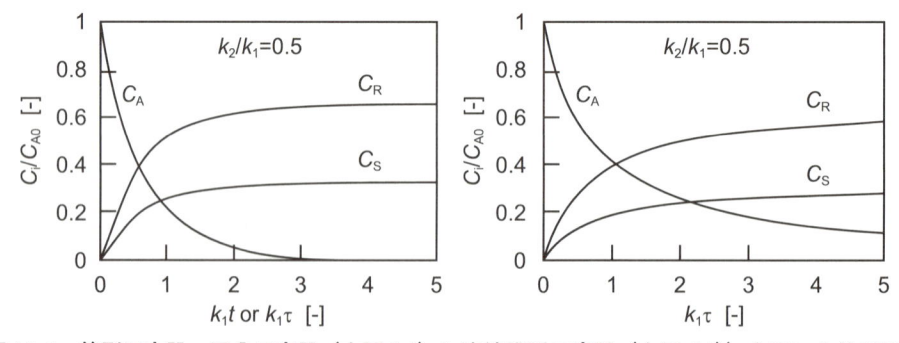

図 14-1　管型反応器，回分反応器（左図(a)）と連続槽型反応器（右図(b)））を用いた並列反応

表 14-1　並列反応における濃度変化
(A→R：1次反応，A→S：1次反応)

管型反応器，回分反応器(τ を t に変換)	連続槽型反応器
$\dfrac{C_A}{C_{A0}} = e^{-(k_1+k_2)\tau}$	$\dfrac{C_A}{C_{A0}} = \dfrac{1}{1+(k_1+k_2)\tau}$
$\dfrac{C_R}{C_{A0}} = \dfrac{1}{1+\kappa}(1-e^{-(k_1+k_2)\tau})$	$\dfrac{C_R}{C_{A0}} = \dfrac{k_1\tau}{1+(k_1+k_2)\tau}$
$\dfrac{C_S}{C_{A0}} = \dfrac{\kappa}{1+\kappa}(1-e^{-(k_1+k_2)\tau})$	$\dfrac{C_S}{C_{A0}} = \dfrac{k_2\tau}{1+(k_1+k_2)\tau}$

ここに $\kappa = k_2/k_1$

並列反応における各反応器内の濃度変化を整理して表 14-1 に示す。

14-2 ■逐次反応の濃度変化

逐次反応の例として，A 成分が分解し主生成物 R を生成するが，さらに分解が進んで R 成分は副生成物である S となる反応を扱う。

$$A \longrightarrow R\ (+B) \qquad r_1 = k_1 C_A \tag{14-12}$$

$$R \longrightarrow S\ (+C) \qquad r_2 = k_2 C_R \tag{14-13}$$

逐次反応では S 成分以外の副生成物として B 成分や C 成分が生成するが，ここでは反応速度式に B および C 成分の濃度項が含まれていないので，これらの成分を考慮せずに反応器設計を進める。A 成分と R 成分について回分反応器の設計方程式は (9-4) 式より

$$dC_A/dt = -r_1 = -k_1 C_A \tag{14-14}$$

$$dC_R/dt = r_1 - r_2 = k_1 C_A - k_2 C_R \tag{14-15}$$

物質収支式は $C_{R0} = C_{S0} = 0$ の条件で (14-6) 式が成り立つ。A 成分の濃度変化は (14-14) 式より，$C_A = C_{A0}\exp(-k_1 t)$ なので，これを (14-15) 式に代入すると

$$dC_R/dt + k_2 C_R = k_1 C_{A0} \exp(-k_1 t) \tag{14-16}$$

が得られる。これは C_R について 1 階の線形常微分方程式であって，その解は次式となる。

$$\dfrac{C_R}{C_{A0}} = \dfrac{1}{1-\kappa}(e^{-k_2 t} - e^{-k_1 t}) \qquad (\kappa \neq 1) \tag{14-17}$$

$$\dfrac{C_R}{C_{A0}} = k_1 e^{-k_1 t} \qquad (\kappa = 1) \tag{14-18}$$

C_S の濃度変化は物質収支より

$$\dfrac{C_S}{C_{A0}} = 1 + \dfrac{\kappa}{1-\kappa}e^{-k_1 t} - \dfrac{1}{1-\kappa}e^{-k_2 t} \qquad (\kappa \neq 1) \tag{14-19}$$

$$\dfrac{C_S}{C_{A0}} = 1 - (1+k_1)e^{-k_1 t} \qquad (\kappa = 1) \tag{14-20}$$

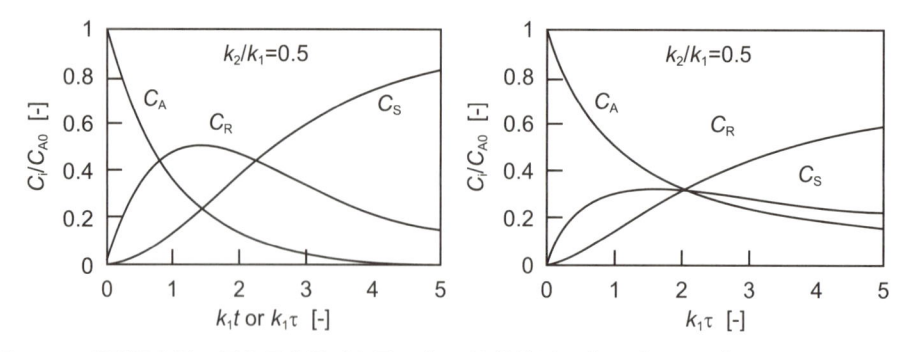

図14-2 管型反応器，回分反応器（左図(a)）と連続槽型反応器（右図(b)）を用いた逐次反応

表 14-2 逐次反応における濃度変化
（A→R：1 次反応，R→S：1 次反応）

管型反応器，回分反応器（τ を t に変換）	連続槽型反応器
$\dfrac{C_A}{C_{A0}} = e^{-k_1\tau}$	$\dfrac{C_A}{C_{A0}} = \dfrac{1}{1+k_1\tau}$
$\dfrac{C_R}{C_{A0}} = \dfrac{1}{1-\kappa}(e^{-k_2\tau} - e^{-k_1\tau})$	$\dfrac{C_R}{C_{A0}} = \dfrac{k_1\tau}{(1+k_1\tau)(1+k_2\tau)}$
$\dfrac{C_S}{C_{A0}} = 1 + \dfrac{\kappa}{1-\kappa}e^{-k_1\tau} - \dfrac{1}{1-\kappa}e^{-k_2\tau}$	$\dfrac{C_S}{C_{A0}} = \dfrac{k_1k_2\tau^2}{(1+k_1\tau)(1+k_2\tau)}$

ここに $\kappa = k_2/k_1$ で $\kappa \neq 1$

となる。

各成分の濃度変化を図 14-2(a) に示す。ここでは $k_2/k_1 = 0.5$ として計算した。原料である A 成分の濃度が指数関数的に減少するのに対して，目的生成物である R 成分ははじめは単調に増加するが，R 成分の濃度が増大するにつれて S 成分を生成する反応が加速されるので，R 成分の濃度は極大となった後，次第に減少する。

図 14-2(b) には同じ条件で逐次反応を連続槽型反応器で行った場合の濃度変化を示す。この条件では R 成分の濃度の極大は明瞭でない。

逐次反応における各反応器内の濃度変化を整理して表 14-2 に示す。

14-3 ■可逆反応の濃度変化

可逆反応は，原料となる A 成分が主生成物の R 成分となると共に，生成した R 成分は再び A 成分となるので，逐次反応としてとらえることができる。

$$A \longrightarrow R \qquad r_1 = k_1 C_A \qquad (14\text{-}21)$$
$$R \longrightarrow A \qquad r_2 = k_2 C_R \qquad (14\text{-}22)$$

回分反応器で (14-21) 式および (14-22) 式で示される液相反応を行うとき，A 成分と R 成分

について回分反応器の設計方程式は（9-4）式より

$$dC_A/dt = -r_1 + r_2 = -k_1 C_A + k_2 C_R \tag{14-23}$$

$$dC_R/dt = r_1 - r_2 = k_1 C_A - k_2 C_R \tag{14-24}$$

（14-23）式と（14-24）式の符号は異なるので，$dC_A/dt = -dC_R/dt$ となる。また，物質収支は $C_{A0} - C_A = C_R - C_{R0}$ であるが，$C_{R0} = 0$ とした場合 $C_R = C_{A0} - C_A$ となり，これを（14-23）式に代入すると

$$dC_A/dt = -k_1 C_A + k_2 (C_{A0} - C_A) = -(k_1 + k_2) C_A + k_2 C_{A0} \tag{14-25}$$

これを解くと

$$\int_0^t dt = \int_{C_{A0}}^{C_A} \frac{dC_A}{k_2 C_{A0} - (k_1 + k_2) C_A}$$

$$t = \frac{-1}{k_1 + k_2} \ln \frac{k_2 C_{A0} - (k_1 + k_2) C_A}{-k_1 C_{A0}} \tag{14-26}$$

となる。（14-26）式の指数をとり整理すると，

$$\frac{C_A}{C_{A0}} = \frac{k_2}{k_1 + k_2} + \frac{k_1}{k_1 + k_2} e^{-(k_1 + k_2) t} \tag{14-27}$$

この反応を連続槽型反応器で行うと，その濃度変化は

$$\frac{C_A}{C_{A0}} = \frac{1 + k_2 \tau}{1 + (k_1 + k_2) \tau} = \frac{1/\tau + k_2}{1/\tau + (k_1 + k_2)} \tag{14-28}$$

となる。この可逆反応を長時間続けると，回分反応器では $t \to \infty$ とすると（14-27）式右辺第2項は0となる。また，連続槽型反応器では空間時間 $\tau \to \infty$ とすると（14-28）式の $1/\tau$ が0となる。その時の濃度を平衡濃度 $C_{A\infty}$ とすると，反応器に無関係に次式となる。

$$C_{A\infty} = [k_2/(k_1 + k_2)] C_{A0} \tag{14-29}$$

可逆反応における各反応器内のA成分の濃度変化を図14-3に示す。ここで $k_2/k_1 = 0.5$ で計算しているので，（14-29）式より平衡濃度 $C_{A\infty}$ は 0.333 である。ほぼ平衡状態に達するためには管型反応器に比べて，連続槽型反応器は非常に長い滞留時間を必要とする。

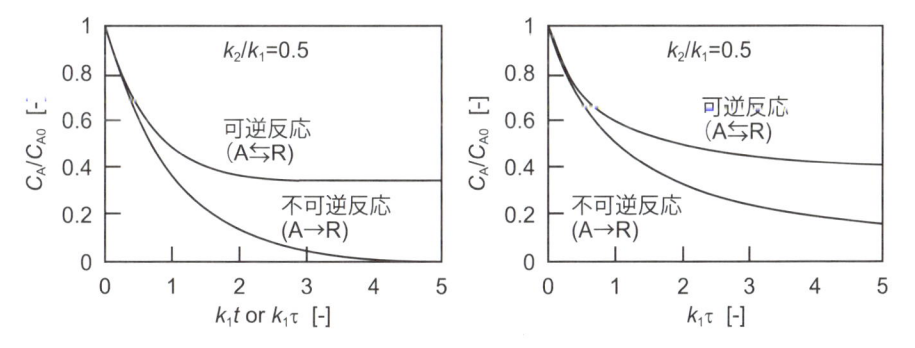

図14-3 管型反応器，回分反応器（左図(a)）と連続槽型反応器（右図(b)）を用いた可逆反応

第 15 章 流体混合モデル

　ここまでの章では反応器内の流れは完全混合流れと押し出し流れの二つの理想流れを仮定して取り扱ってきた。実際の反応器内の流れは複雑である。そのため実際の流体混合現象をモデル化し，これを用いて反応器設計が行われる。本章では，はじめに滞留時間分布関数について解説する。次に流体混合モデルとして代表的な**混合拡散モデル（Dispersion model）**と**槽列モデル（Tanks-in-series model）**を用いた反応装置の設計法を示す。

15-1 ■滞留時間分布関数

　実際の反応器内での流れの状態をモデル化するために，反応器内の個々の分子の軌跡を考える。いま反応器の入口近傍に 10 個の分子があり，反応器内を運動するこれらの分子の位置を 1 秒毎に整理してプロットすると図 15-1 に示すようになる。反応器の出口でこれらの分子を検出すると，反応器入口から出口までに必要な**滞留時間**には分布が生じる。反応器に流入するすべての分子の滞留時間について整理すると，滞留時間分布は連続化するので，これを時間の関数として数学的に取り扱うことができる。これを**滞留時間分布関数（Residence time distribution function; RTD 関数）**と呼ぶ。時間 $t=0$ で反応器入口に供給された全分子の中で，時刻 t から時刻 $t+\mathrm{d}t$ の間に出口で検出される分子の割合が $E(t)\mathrm{d}t$ となるように RTD 関数 $E(t)$ を定義するので，$E(t)$ の単位は [s^{-1}] となり，以下の式が成り立つ。

$$\int_0^\infty E(t)\mathrm{d}t = 1 \tag{15-1}$$

　RTD 関数 $E(t)$ を実験的に決定する方法として**トレーサー応答（Tracer response）法**がある。図 15-1 に示すように反応器出口で着目する分子を検出しなければならないが，そのためには液相の実験では溶媒とは異なる分子を反応器入口で供給しなければならない。これをトレーサーと呼ぶ。トレーサーを供給することで流れの状態が変化することを避けるために溶媒の物性に影響が小さい物質をトレーサーとして用い，トレーサー濃度を低くする必要がある。そのためトレーサーとしては色素，電解質溶液を使用し，出口濃度は光度計，電動度計を用いて検出する。

　図 15-2 に示すように反応器の入口に非定常あるいは定常的にトレーサーを導入して，反応器

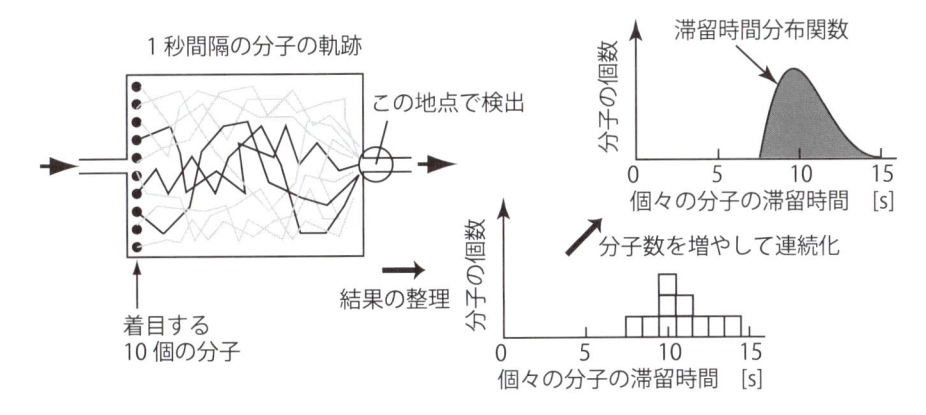

図15-1 滞留時間分布関数

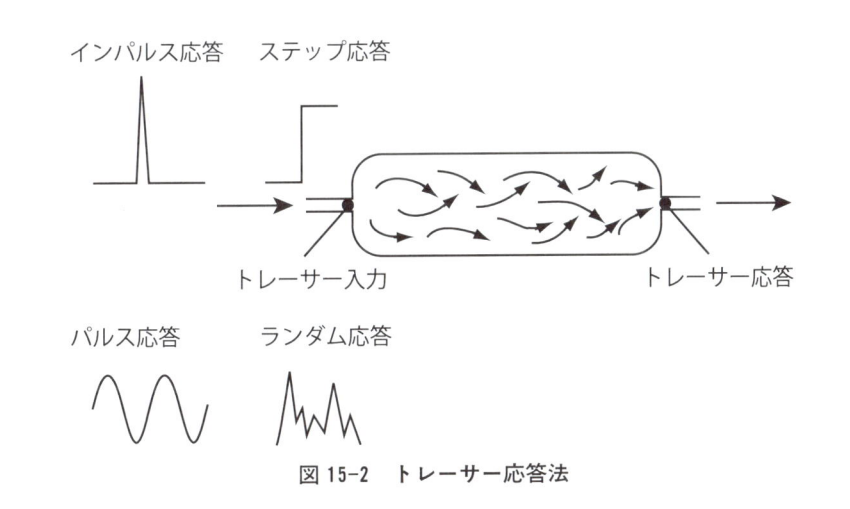

図15-2 トレーサー応答法

出口でトレーサーの濃度変化を検出する。これを解析すればRTD関数 $E(t)$ が決定できる。また，トレーサー導入部および検出部では押し出し流れであり，その区間の滞留時間は非常に短く，反応器全体の滞留時間に比べて無視できると仮定する。反応器の体積が $V\,[\mathrm{m^3}]$，流体の体積流量が $v\,[\mathrm{m^3 \cdot s^{-1}}]$ で定常的に流れているときには，平均滞留時間 t_{av} は次式によって計算でき，その値は（10-8）式に示す押し出し流れの管型反応器における空間時間 τ に等しい。

$$t_{\mathrm{av}} = V/v = \tau \tag{15-2}$$

トレーサーの導入方法は図15-2に示すように**インパルス応答（Impulse response）**，ステップ応答，パルス応答，ランダム応答などがある。本章ではインパルス応答を用いて話を進める。

15-2 ■ インパルス応答法

　反応器内を定常状態で流体が流れているときに，時間 $t=0$ で瞬間的にトレーサーを反応器入口に注入し，反応器出口でトレーサー濃度 $C_\mathrm{T}(t)$ を連続的に測定する。この方法をインパルス応

図15-3 インパルス応答と滞留時間分布関数

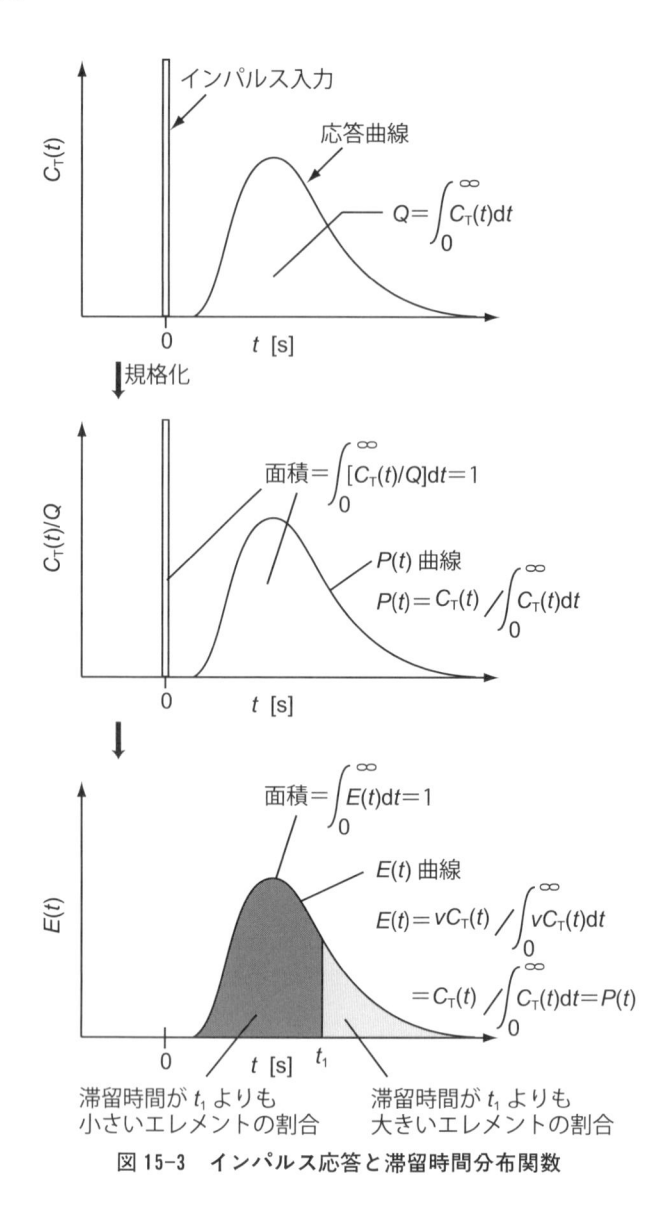

答法と呼ぶ．図15-3に示すようにトレーサー濃度 $C_T(t)$ を時間0から∞まで積分して，その面積を Q（単位：mol·m^{-3}·s）とする．RTD関数 $E(t)$ を求めるために，図15-3に示すようにトレーサー濃度 $C_T(t)$ を Q で割り，この値を $P(t)$ で表わす．

$$P(t) = C_T(t)/Q \tag{15-3}$$

$$Q = \int_0^\infty C_T(t)dt \tag{15-4}$$

時間 $t=0$ でトレーサーを注入して，時刻 t から $t+dt$ の間に検出されるトレーサー量は $vC_T(t)dt$（単位：mol）となる．これをトレーサーの全量で割った値は $E(t)dt$ に等しいので次式のようになる．

$$E(t)\mathrm{d}t = vC_\mathrm{T}(t)\mathrm{d}t/\int_0^\infty vC_\mathrm{T}(t)\mathrm{d}t$$
$$= C_\mathrm{T}(t)\mathrm{d}t/\int_0^\infty C_\mathrm{T}(t)\mathrm{d}t = P(t)\mathrm{d}t \tag{15-5}$$

(15-5) 式に示すように RTD 関数 $E(t)$ は，インパルス応答で決定した応答曲線 $P(t)$ 曲線と一致する。ここに $E(t)$ および $P(t)$ の単位は s^{-1} である。したがってインパルス応答曲線から複雑な変換をせずに直接 $E(t)$ 曲線を決定することができる。

RTD 関数 $E(t)$ および $P(t)$ 曲線におけるそれぞれの平均滞留時間（Average residence time）t_Eav および t_Pav は次式で定義され，(15-2) 式で示す平均滞留時間 t_av に等しい。

$$t_\mathrm{Eav} = \int_0^\infty tE(t)\mathrm{d}t \tag{15-6}$$

$$t_\mathrm{Pav} = \int_0^\infty tP(t)\mathrm{d}t = \int_0^\infty tC_\mathrm{T}(t)\mathrm{d}t/Q \tag{15-7}$$

$$t_\mathrm{Eav} = t_\mathrm{Pav} = t_\mathrm{av} \tag{15-8}$$

RTD 関数の時間についても無次元化するために，実時間 t を平均滞留時間 t_av で割って無次元化した時間 θ を採用する。

$$\theta = t/t_\mathrm{av} \tag{15-9}$$

無次元時間（Dimensionless time）θ を用いた新たな滞留時間分布関数を $E(\theta)$ とすると，滞留時間分布関数の定義に従い

$$\int_0^\infty E(\theta)\mathrm{d}\theta = 1 \tag{15-10}$$

となり，(15-1) 式と (15-10) 式より

$$E(t)\mathrm{d}t = E(\theta)\mathrm{d}\theta \tag{15-11}$$

となる。(15-9) 式を微分すると $\mathrm{d}\theta = \mathrm{d}t/t_\mathrm{av}$ なので，この関係を代入すると

$$E(\theta) = t_\mathrm{av}E(t) \tag{15-12}$$

となる。したがって $E(\theta)$ は無次元である。

15-3 ■ 理想流れの滞留時間分布

流体の流れを押出し流れとした管型反応器でインパルス応答曲線を測定すると図10-3に示すようにトレーサーが軸方向には分散することなく出口に向かい，滞留時間 t_av で全量が検出される。したがって，$E(\theta)$ 曲線は図 15-4 のようにパルス状になる。

完全混合流れの連続槽型反応器では，その体積を $V[\mathrm{m}^3]$ とし，体積流量 $v[\mathrm{m}^3 \cdot \mathrm{s}^{-1}]$ で定常的に流体を流した条件で，反応器入口にトレーサーを注入し，反応器出口でトレーサー濃度 $C_\mathrm{T}(t)$ を測定する。このとき，トレーサーについての物質収支をとると，流入速度は 0 で，流出速度は $vC_\mathrm{T}(t)$ となる。反応はなく，蓄積速度は $V(\mathrm{d}C_\mathrm{T}(t)/\mathrm{d}t)$ となるので，(7-3) 式より収支式は次式となる。

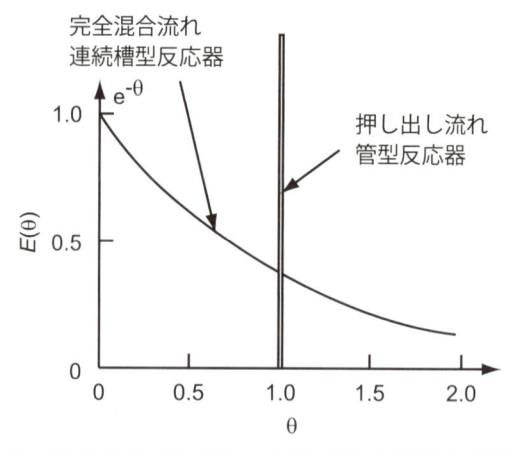

図 15-4　押出し流れ反応器と完全混合流れ反応器の $E(\theta)$ 曲線

$$0 - vC_T(t) = V(\mathrm{d}C_T(t)/\mathrm{d}t) \tag{15-13}$$

$t_{av} = V/v$ の関係から（15-13）式を整理すると

$$\mathrm{d}C_T(t)/\mathrm{d}t = (v/V)C_T(t) = C_T(t)/t_{av} \tag{15-14}$$

となり，この微分方程式を解くと

$$C_T(L) = C_T(0)\mathrm{e}^{-t/t_{av}} \tag{15-15}$$

となる。この式を（15-4）式に代入して Q 値を求めると

$$Q = \int_0^\infty C_T(0)\mathrm{e}^{-t/t_{av}} = C_T(0)[-t_{av}\mathrm{e}^{-t/t_{av}}]_0^\infty = C_T(0)t_{av} \tag{15-16}$$

となる。この結果から，RTD 関数 $E(t)$ および $P(t)$ は次式となる。

$$E(t) = P(t) = C_L(t)/Q = (1/t_{av})\mathrm{e}^{-t/t_{av}} \tag{15-17}$$

また，（15-12）式より，$E(\theta)$ は次式で表わされ，完全混合流れの RTD 関数は図 15-4 に示すように濃度が連続的に減少する曲線となる。

$$E(\theta) = \mathrm{e}^{-t/t_{av}} \tag{15-18}$$

15-4 ■混合拡散モデル

　反応器内の実際の流れを考えるとき，流れによる物質の移動に加えて混合・拡散による移動を考慮したのが混合拡散モデルである。混合拡散は分子拡散と同様に濃度勾配が存在する場合に濃度を均一化する方向に流体の混合に伴う拡散が働くと考えるモデルである。実際の管型反応器内では半径方向と軸方向で混合拡散は起こるが，ここで取り扱うモデルでは軸方向の混合拡散のみとする。したがって，混合拡散の強さを表すパラメータとして混合拡散係数（Longitudinal dispersion coefficient）$D_z[\mathrm{m^2 \cdot s^{-1}}]$ を用いて実際の流れの状態を表現する。

　混合拡散による A 成分の移動速度 $J_A[\mathrm{mol \cdot m^{-2} \cdot s^{-1}}]$ を分子拡散におけるフィックの第一法則

と同様に表現し，**分子拡散係数**の代わりに D_z を使用する。

$$J_A = -D_z(\partial C_A/\partial z) \tag{15-19}$$

第10章で説明した押出し流れの管型反応器では，定常状態で反応が起こっている場合について，流体の流入と流出を考えて物質収支をとったが，ここでは流れの状態を決める目的であるので反応の項はない。一方，流れによる流体の流入と流出の項に加えて混合拡散の項を加えねばならない。

図15-5に示すように断面積 S，長さ L の管型反応器内を流速 u でトレーサーを含む流体が流れている。15-3で説明したように，トレーサー応答を解析する場合にはトレーサーの物質収支が必要で非定常の取り扱いとなる。入口からの距離が z から $z+dz$ までの位置にある円盤状の微小要素についてトレーサーの物質収支をとると

$$\text{トレーサーの流入速度} = S\left[uC + \left(-D_z\frac{\partial C}{\partial z}\right)\right]_z \tag{15-20}$$

$$\text{トレーサーの流出速度} = S\left[uC + \left(-D_z\frac{\partial C}{\partial z}\right)\right]_{z+dz}$$

$$= S\left[u\left(C+\frac{\partial C}{\partial z}dz\right) - D_z\frac{\partial C}{\partial z} - D_z\frac{\partial}{\partial z}\left(\frac{\partial C}{\partial z}\right)dz\right] \tag{15-21}$$

$$\text{トレーサーの蓄積速度} = \frac{\partial}{\partial t}(SdzC) = S\frac{\partial C}{\partial t}dz \tag{15-22}$$

これらの式を（7-3）式に代入して整理すると次式が得られる。

$$D_z\frac{\partial^2 C}{\partial z^2} - u\frac{\partial C}{\partial z} = \frac{\partial C}{\partial t} \tag{15-23}$$

混合拡散係数 D_z をある値に仮定して（15-23）式の微分方程式を解けば，トレーサー応答曲線の計算値を得ることができるので，実測の応答曲線と計算値とを照合させることで D_z が決定できる。D_z を決定する別の方法としては $P(t)$ 曲線の**平均値（Mean）** t_{Pav} および**分散（Vari-**

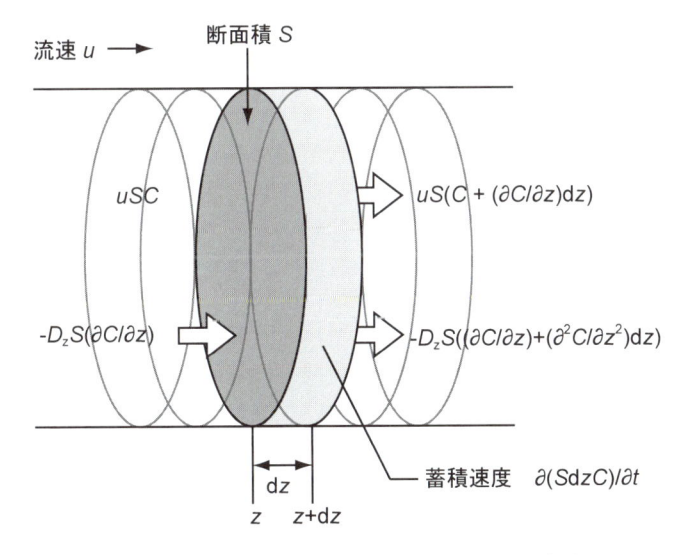

図15-5 管型反応器内のトレーサーの物質収支

ance） $\sigma_P{}^2$ から求める方法がある。

$P(t)$ 曲線の平均値 t_{Pav} と分散 $\sigma_P{}^2$ の理論式は次式となる。

$$t_{Pav} = t_{av} = L/u \tag{15-24}$$

$$\sigma_P{}^2 = t_{Pav}{}^2 \left[2\frac{D_z}{uL} - 2\left(\frac{D_z}{uL}\right)^2 (1-e^{-uL/D_z}) \right] \tag{15-25}$$

実際の流れが押出し流れに近い場合には（15-25）式の右辺［　］内の第2項が無視できて、次式のように簡単になる。

$$\sigma_P{}^2 = t_{Pav}{}^2 (2D_z/uL) \tag{15-26}$$

実際にインパルス応答実験で得たデータをデジタル処理する場合には時間間隔 Δt 毎に測定された時間 t_i とトレーサー濃度 c_i のデータを用いて、t_{Pav} は（15-7）式より

$$t_{Pav} \cong \frac{\sum t_i c_i \Delta t_i}{\sum c_i \Delta t_i} \tag{15-27}$$

分散 $\sigma_P{}^2$ は2次モーメントなので次式となる。

$$\sigma_P{}^2 = \int_0^\infty (t-t_{Pav})^2 P(t) \mathrm{d}z \cong \frac{\sum t_i{}^2 c_i \Delta t_i}{\sum c_i \Delta t_i} - t_{Pav}{}^2 \tag{15-28}$$

（15-27）式と（15-28）式から平均値 t_{Pav} および分散 $\sigma_P{}^2$ を計算し、これを（15-25）式あるいは（15-26）式に代入すると D_z の値が決まる。

15-5 ■混合拡散モデルを用いた反応器設計

インパルス応答法により混合拡散係数 D_z を決定し、これを用いて管型反応器の設計を行う。この場合、インパルス応答で用いた装置と同じ反応器を用い、定常状態で反応が起こっているとすると、原料成分 A の物質収支は（7-8）式より

$$S\left[uC_A - D_z\frac{\mathrm{d}C_A}{\mathrm{d}z}\right]_z - S\left[uC_A - D_z\frac{\mathrm{d}C_A}{\mathrm{d}z}\right]_{z+\mathrm{d}z} + r_A S \mathrm{d}z = 0 \tag{15-29}$$

この式を整理すると次式となる。

$$D_z\frac{\mathrm{d}^2 C_A}{\mathrm{d}z^2} - u\frac{\mathrm{d}C_A}{\mathrm{d}z} - (-r_A) = 0 \tag{15-30}$$

境界条件として

$$z = 0, \quad -D_z\left(\frac{\mathrm{d}C_A}{\mathrm{d}z}\right)_{z=0^+} = u[C_{A0} - (C_A)_{z=0^+}] \tag{15-31}$$

$$z = L, \quad -D_z\left(\frac{\mathrm{d}C_A}{\mathrm{d}z}\right)_{z=L^-} = 0 \tag{15-32}$$

を用い、反応が液相の1次反応の場合に（15-30）式を解くと次式が得られる。

$$\frac{C_A}{C_{A0}} = 1 - x_A$$

$$= \frac{4a \exp[(1/2)(uL/D_z)]}{(1+a)^2 \exp[(a/2)(uL/D_z)] - (1-a)^2 \exp[-(a/2)(uL/D_z)]} \tag{15-33}$$

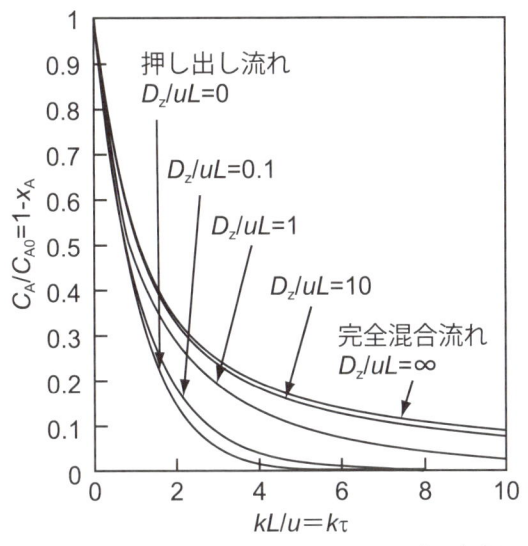

図 15-6　混合拡散モデルによる 1 次反応の解析

ここに
$$a = [1+4k\tau(D_z/uL)]^{1/2}, \quad \tau = t_{av} = L/u \tag{15-34}$$

図 15-6 は (15-33) 式を用い，D_z/uL の値をパラメータとして $k\tau$ と未反応率 $(1-x_A)$ との関係を示したものである．反応速度定数 k と混合拡散係数 D_z が与えられると，操作条件の空間時間 $\tau = L/u$ に対して未反応率が決まる．

15-6 ■槽列モデル

実際の反応器内の流れを定量化するためのモデルとして**槽列モデル**がある．槽列モデルでは実際の反応器を完全混合流れの連続槽型反応器が直列に連結した反応器とみなして，撹拌槽の数

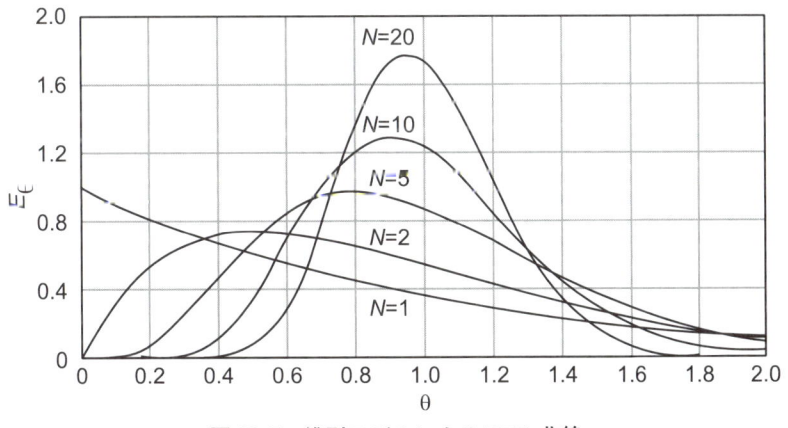

図 15-7　槽列モデルによる RTD 曲線

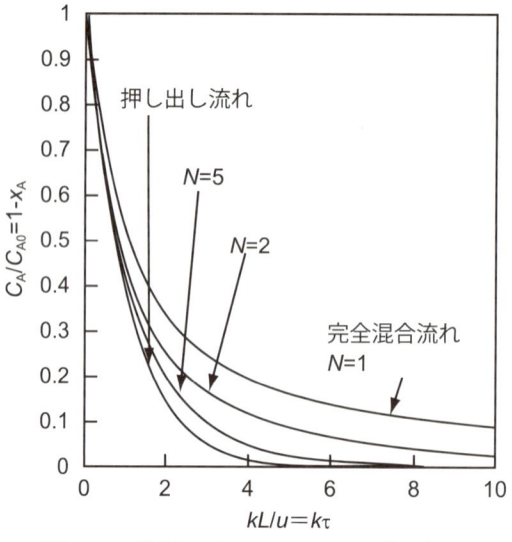

図15-8　槽列モデルによる1次反応の解析

N をパラメータとして混合状態を表わす。槽列モデルによる RTD 関数 $E(\theta)$ は次式で表わされる。

$$E(\theta) = \frac{N(N\theta)^{N-1}}{(N-1)!}e^{-N\theta} \tag{15-35}$$

ただし，$\theta = t/t_{av} = (v/NV)t$ である。図15-7に，槽数 N をパラメータとして $E(\theta)$ と θ との関係を示す。

応答実験の結果と図15-7を重ね合わせることで N が決まる。また，槽列モデルでは平均値 t_{Pav} と分散 σ_P^2 との関係は次式となる。

$$\sigma_P^2 = t_{Pav}^2/N \tag{15-36}$$

混合拡散モデルと同様に $P(t)$ 曲線から平均値と分散値を算出すると (15-36) 式の関係から N が決定できる。こうして N が決まれば (11-13) 式を用いて反応率を決めることができる。

流れが押出し流れに近い場合には，混合拡散モデルにおける分散は (15-26) 式で表わされるので，槽列モデルの分散と等値すると次式となる。

$$N = uL/2D_z \tag{15-37}$$

図15-8は反応が1次反応としたとき，N の値をパラメータとして 11-2 節で示した直列に連結した連続槽型反応器の設計法に従い計算した $k\tau$ と未反応率 $(1-x_A)$ との関係を示す。(15-37) 式より $N=2$ は混合拡散モデルの $D_z/uL=0.25$ に対応する。$X=5$ では図15-8に示すように押出し流れに近い反応特性を示すことがわかる。

第16章 非等温反応器の設計

　第9章から第15章までの反応設計は，反応器内の温度が一定である等温反応操作について述べてきた。実際の反応操作において反応熱が大きくなると反応器内の温度を一定にすることは困難になる。また，スケールアップをして反応器を大型化すると反応器内は**非等温**になる。本章では反応器の**熱収支（Heat balance）**について学ぶ。**非等温反応器（Nonisothermal reactor）**の設計には物質収支式と熱収支式を連立して解く必要があり，ここでは回分反応器と管型反応器の設計方程式を導く。また，連続槽型反応器については熱的な安定性について解説する。

16-1 ■ 熱 収 支

　物質収支では，流体によって物質は反応器内に供給され，反応器外へ排出される。両者の差は蓄積速度と反応による物質の生成あるいは消失でバランスをとっている。この**エネルギー収支（Energy balance）**を求める場合，流体によるエネルギーの流入と流出に加えて，外部からの反応器へのエネルギーの流入あるいは流出と，反応器内の流体による仕事のエネルギーの項が必要である。さらに流体が運ぶエネルギーは熱エネルギー，運動エネルギーおよび位置エネルギーに区別しなければならない。しかしながら，一般の反応器では，熱エネルギーと比較して仕事エネルギー，運動エネルギー，位置エネルギーは小さく無視できるので，エネルギー収支については**エンタルピー（Enthalpy）**だけで表わす熱収支で近似できる。外部と反応器との間の熱移動速度を $Q[\text{J}\cdot\text{s}^{-1}]$，$A_j$ 成分の流入および流出流量をそれぞれ $F_{j0}[\text{mol}\cdot\text{s}^{-1}]$ および F_j とし，それぞれのエンタルピーを $H_{j0}[\text{J}\cdot\text{mol}^{-1}]$ および H_j とすると，反応器内の全エネルギー（$\sum n_j H_j$）の時間変化は以下の式で表わされる。

$$\frac{d(\sum n_j H_j)}{dt} = \sum F_{j0} H_{j0} - \sum F_j H_j + Q \tag{16-1}$$

ここに n_j は A_j 成分の物質量である。物質収支では限定反応成分に着目して収支をとるのに対して，熱収支では成分による区別がないので個々のエンタルピー変化を積算する必要がある。また，この熱収支式には反応速度や反応熱に関する記述がない。実際にはエンタルピー変化の中に反応熱による速度項が含まれている。以下に示す非等温反応器の設計で熱収支について詳細に説

明する。

16-2 ■非等温回分反応器の設計

　回分反応器は液相反応に適用されるので，図 16-1 に示すような温度条件で設計方程式を導く。**非等温回分反応器**の外周を加熱し，反応器の外壁温度を一定値（T_S）とする。このとき T_S は反応器内の温度 T よりも高い。すなわちこの場合は外周からの加熱を考える。回分反応器なので(16-1) 式において，流体の流入と流出の項はない（$F_{j0}=F_j=0$）。外部から反応器への熱移動速度 Q の値を**総括伝熱係数（Overall heat transfer coefficient）** $U[\mathrm{J\cdot m^{-2}\cdot K^{-1}\cdot s^{-1}}]$ と伝熱面積 $A[\mathrm{m^2}]$ で表わすと

$$Q = UA(T_S - T) \tag{16-2}$$

となり，熱収支式は次式で表わされる。

$$\frac{\mathrm{d}(\sum n_j H_j)}{\mathrm{d}t} = UA(T_S - T) \tag{16-3}$$

(16-3) 式の左辺を展開すると

$$\frac{\mathrm{d}(\sum n_j H_j)}{\mathrm{d}t} = \sum n_j \frac{\mathrm{d}H_j}{\mathrm{d}t} + \sum \frac{\mathrm{d}n_j}{\mathrm{d}t} H_j \tag{16-4}$$

液相反応では (16-4) 式の右辺第 1 項は A_j 成分の**定圧モル熱容量（Isobaric molar heat capacity）** $c_{pj}[\mathrm{J\cdot mol^{-1}\cdot K^{-1}}]$ を用いて次式で表わされる。

$$\sum n_j \frac{\mathrm{d}H_j}{\mathrm{d}t} = \left(\sum n_j c_{pj}\right) \frac{\mathrm{d}T}{\mathrm{d}t} \tag{16-5}$$

液相反応では各成分の熱容量を積算する代わりに，反応混合物の質量あたりの**平均比熱容量（Average specific heat capacity）** $c_{pm}[\mathrm{J\cdot kg^{-1}\cdot K^{-1}}]$ を用いると (16-5) 式は次式となる。

$$\sum n_j \frac{\mathrm{d}H_j}{\mathrm{d}t} = V\rho c_{pm} \frac{\mathrm{d}T}{\mathrm{d}t} \tag{16-6}$$

ここに V は反応混合物の体積，ρ は反応混合物の平均密度である。

　次に，(16-4) 式の右辺第 2 項は反応速度 r_A と**反応熱（Heat of reaction）** $(-\Delta H_R)[\mathrm{J\cdot mol^{-1}}]$

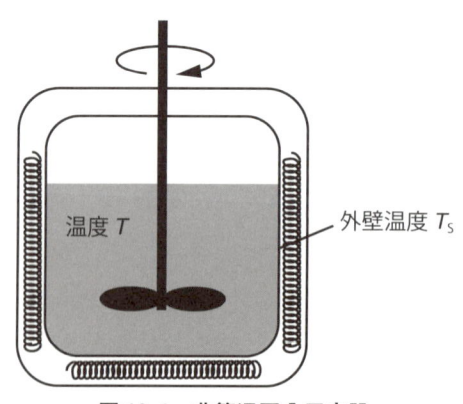

図 16-1　非等温回分反応器

を用いて，次式で表わされる。

$$\sum \frac{dn_j}{dt} H_j = r_A V(-\Delta H_R) \tag{16-7}$$

(16-3) 式に (16-6) 式と (16-7) 式を代入すると次式となる。

$$V\rho c_{pm}\frac{dT}{dt} + r_A V(-\Delta H_R) = UA(T_s - T) \tag{16-8}$$

回分反応器の物質収支式は (9-4) 式の濃度を反応率で表現すると次式となる。

$$C_{A0}(dx_A/dt) = -r_A \tag{16-9}$$

非等温回分反応器の設計方程式は (16-8) 式と (16-9) 式の連立微分方程式を解くことによって，反応率と反応温度の時間変化を得ることができる。非等温条件では反応速度は温度の指数と濃度の関数となるので，解析解を得ることはできないので数値解法を用いなければならない。

16-3 ■断熱方式における非等温回分反応器の設計

図 16-1 に示す反応器周囲の加熱ジャケットの代わりに，断熱材を周囲に巻くことで反応器と外部との熱移動を遮断して操作することを**断熱操作（Adiabatic operation）**と呼ぶ。断熱操作条件では総括伝熱係数 U は 0 となる。また，**反応熱** ΔH_R は温度の関数であるが，これを反応開始時の温度 T_0 における値 $\Delta H_R(T_0)$ で一定であるとすると (16-8) 式と (16-9) 式から次式が得られる。

$$V\rho c_{pm}\frac{dT}{dt} = (-r_A)V[-\Delta H_R(T_0)] = C_{A0}V[-\Delta H_R(T_0)]\frac{dx_A}{dt} \tag{16-10}$$

(16-10) 式を整理して積分すると，反応率 x_A と反応温度 T との関係は次式となる。

$$T - T_0 = \frac{C_{A0}[-\Delta H_R(T_0)]}{\rho c_{pm}} x_A \tag{16-11}$$

液相反応が 1 次反応のとき，反応速度式は次式となる。

$$-r_A = k_0 e^{-E/RT} C_{A0}(1-x_A) \tag{16-12}$$

(16-12) 式の反応速度式は温度 T と反応率 x_A との関数であるが，(16-11) 式の T 値を代入すれば，x_A のみの関数となるので，次式を積分すると，反応率 x_A と反応時間 t との関係が求められる。得られた反応率 x_A を (16-11) 式に代入すると温度 T と反応時間 t との関係を得ることができる。

$$t = \frac{1}{k_0}\int_0^{x_A}\frac{dx_A}{e^{-E/RT}(1-x_A)} \tag{16-13}$$

16-4 ■非等温管型反応器の設計

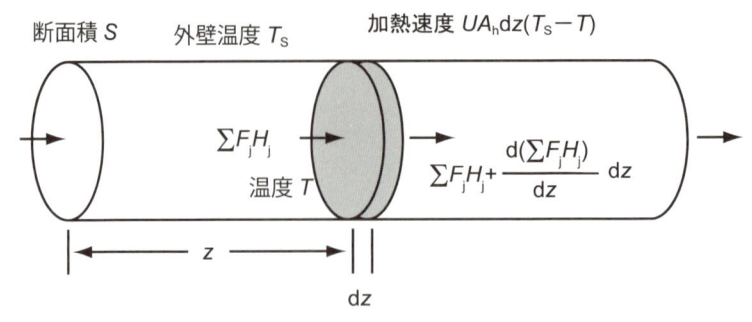

図 16-2 非等温管型反応器

　非等温管型反応器で液相反応を行うときの熱収支では，物質収支と同様に図 16-2 に示す微小距離 Δz の体積要素について収支をとる．(16-1) 式の熱収支式を適用すると，定常操作では (16-1) 式の左辺の項は 0 となるので

$$\sum F_j H_j - \left[\sum F_j H_j + \frac{d\sum F_j H_j}{dz} dz \right] + UA_h dz(T_s - T) = 0 \tag{16-14}$$

が得られる．ここで A_h は反応器の長さあたりの表面積であり，管型反応器では円周の長さ $2\pi r$ に等しい．(16-14) 式を整理すると次式となる．

$$\frac{d\sum F_j H_j}{dz} = UA_h(T_s - T) \tag{16-15}$$

この式は回分反応器の (16-3) 式と同型である．そこで回分反応式のときと同様に (16-15) 式の左辺を展開する．

$$\sum F_j \frac{dH_j}{dz} + \sum \frac{dF_j}{dz} H_j = (\sum F_j c_{pj})\frac{dT}{dz} + S(-r_A)\Delta H_R = UA_h(T_s - T) \tag{16-16}$$

反応混合物の速度を u，密度を ρ，質量あたりの平均比熱容量を $c_{pm}[\mathrm{J \cdot kg^{-1} \cdot K^{-1}}]$，反応管の断面積を S とすると，$\sum F_j c_{pj} = Su\rho c_{pm}$ となり，(16-16) 式の熱収支式は次式となる．

$$Su\rho c_{pm}\frac{dT}{dz} + Sr_A(-\Delta H_R) = UA_h(T_s - T) \tag{16-17}$$

管型反応器の物質収支式は (10-6) 式から $F_{A0} = vC_{A0}$ の関係を用いると次式となる．

$$vC_{A0}(dx_A/dz) = -r_A \tag{16-18}$$

(16-17) 式と (16-18) 式の関係は非等温回分反応器で得られた熱および物質収支式 (16-8) 式と (16-9) 式と同型である．非等温管型反応器の設計方程式は (16-17) 式と (16-18) 式の連立微分方程式を数値解法を用いて解くことによって，軸方向の反応率と温度分布を得ることができる．

16-5 ■非等温連続槽型反応器の設計

　非等温回分反応器と非等温管型反応器では熱収支式と物質収支式に微分の項が含まれているので連立微分方程式を解くことによって，回分反応器では反応率と温度の時間変化を管型反応器では軸方向の反応率と温度の変化を決定することができる。一方，**非等温連続槽型反応器**では微分が含まれないので連立方程式を解くことになる。

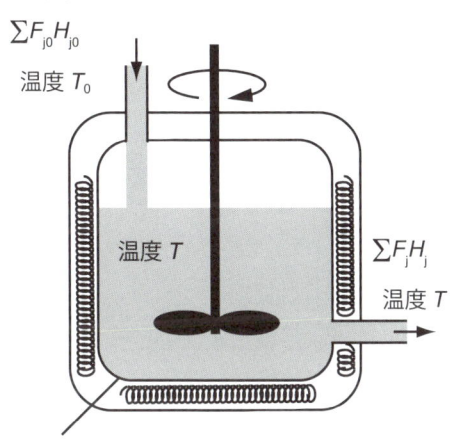

図 16-3　非等温連続槽型反応器

　図 16-3 で示す非等温連続槽型反応器で液相反応を行う。定常状態における熱収支は（16-1）式から

$$\sum F_{j0} H_{j0} - \sum F_j H_j + UA(T_s - T) = 0 \tag{16-19}$$

物質収支は（11-4）式より

$$F_{j0} = F_j + (-r_j)V \tag{16-20}$$

（16-20）式の F_j を（16-19）式に代入して整理すると

$$\sum F_{j0} H_{j0} - \sum (F_{j0} + r_j V) H_j + UA(T_s - T)$$
$$= -\sum F_{j0}(H_j - H_{j0}) - V\sum r_j H_j + UA(T_s - T) = 0 \tag{16-21}$$

液相反応系で質量あたりの平均比熱容量 c_{pm} を用いると（16-21）式は

$$v\rho c_{pm}(T - T_0) + V(-r_A)\Delta H_R - UA(T_s - T) = 0 \tag{16-22}$$

連続槽型反応器では物質収支を示す（11-5）式より $(-r_A)V = vC_{A0}x_A$ なので，これを（16-22）式に代入して整理すると次式となる。

$$vC_{A0}x_A(-\Delta H_R) = v\rho c_{pm}(T - T_0) - UA(T_s - T) \tag{16-23}$$

液相反応が発熱反応のとき，（16-23）式の左辺は反応による発熱量を示す。このとき $T > T_0$ として加熱された流体を排出することで除熱され，外部からの加熱あるいは冷却によって収支がとれる。（16-23）式の両辺を $vC_{A0}(-\Delta H_R)$ で割って整理すると

$$x_A = \frac{v\rho c_{pm} + UA}{vC_{A0}(-\Delta H_R)}T - \frac{v\rho c_{pm}T_0 + UAT_s}{vC_{A0}(-\Delta H_R)} \tag{16-24}$$

(16-24) 式は熱収支から導出された反応温度 T と反応率 x_A との関係である。ここで液相反応が1次反応とすると反応速度式は

$$-r_A = k_0 e^{-E/RT} C_{A0}(1-x_A) \tag{16-25}$$

となり，これを (11-6) 式の物質収支式に代入すると

$$\tau = \frac{V}{v} = \frac{x_A}{k_0 e^{-E/RT}(1-x_A)} \tag{16-26}$$

(16-26) 式を変形すると

$$x_A = \frac{\tau k_0 e^{-E/RT}}{1+\tau k_0 e^{-E/RT}} \tag{16-27}$$

(16-27) 式は物質収支から導出された反応温度 T と反応率 x_A との関係である。したがって，(16-24) 式と (16-27) 式の連立方程式を解けば，非等温連続槽型反応器の反応器内および出口の濃度とその温度を決定することができる。

16-6 ■非等温連続槽型反応器の熱的安定性

熱収支式と物質収支式で得られた式の関係を図16-4に示す。(16-24) 式は除熱速度 (流体の温度変化として熱を取り除く速度) を最大発熱量 ($x_A=1$ の時の発熱量で一定値) で割った値であるから，相対的な除熱速度を表す。図16-4中では (16-24) 式は直線で示される。この直線は操作変数である流速 v や外壁温度 T_S を変化させることで傾きと切片が変化する。例えば T_S を上げると切片の値が小さくなるので，図16-4中の発熱反応，吸熱反応共に直線が右にシフトする。一方，物質収支より得られた (16-27) 式は反応による発熱量を表現したものであり，図16-4に示すように1次反応では一般的にS字の曲線となる。

図16-4に示すように吸熱反応では熱および物質収支の連立方程式の解は1個だけであり，外壁温度 T_S を上げることによって直線が右にシフトして交点の反応率が大きくなる。すなわち T_S

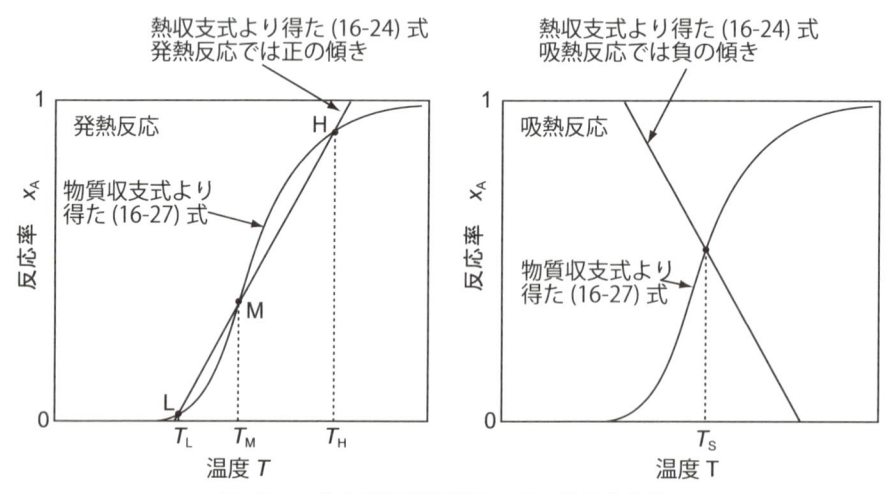

図 16-4 非定常連続槽型反応器の熱的安定性

を上げると高い反応率で操作できる。

　発熱反応では図16-4の場合には交点が3個あるが外壁温度 T_S を上げると直線が右にシフトするので，接線を持つときには2個の交点となる。さらに T_S を上げると交点が1個となる。ここでは図16-4の交点が3個の場合について考える。低温度の交点をL，高温度の交点をH，中間温度の交点をMとしたとき，M点について考察する。いま，M点の温度 T_M で操作しているときに，何らかの原因で反応温度が少し高くなったとすると，除熱速度より発熱速度が大きくなるので反応器内の温度がさらに上昇する。図16-4で解説すると T_M の温度から発熱によって反応器内の温度が T_H の方向にシフトし最終的には温度 T_H で発熱速度と除熱速度がバランスする。逆に外乱で温度 T_M より下がった場合には，除熱が進むので温度は T_L まで下降し，L点で安定になる。

　次にH点について考えるとH点の温度 T_H から外乱により温度が少し高くなったときには，除熱速度が発熱速度よりも大きいので，温度が下がるために再びH点に戻る。逆にH点の状態で外乱により温度が少し下がっても，温度は回復してH点に戻る。

　このようにM点は不安定操作点であり，この点での操作はできない。L点はH点と同様に安定操作点ではあるが，一般的には低い反応率では操作しないので，実際の反応操作ではH点を選択することになる。

演習問題 —第13章〜第16章—

1 液相反応 A→C を回分反応器で行った。以下の問いに答えよ。

(1) この反応が A 成分の 0 次反応であり，A 成分の初濃度が 1000 mol·m^{-3} のとき，反応率が 0.5 となる反応時間（半減期）を求めよ。ただし反応速度定数は 0.1 mol·m^{-3}·s^{-1} とする。

(2) この反応が A 成分の 1 次反応のとき，半減期を求めよ。ただし，反応速度定数は 0.001 s^{-1} とする。

2 液相反応 A+B→C を回分反応器で行った。反応速度式は

$$-r_A = k C_A C_B$$

で表わされ，各成分の初濃度は $C_{A0}=120$ mol·m^{-3}，$C_{B0}=160$ mol·m^{-3}，$C_{C0}=0$ mol·m^{-3} であった。反応開始後 50 分で A 成分の反応率は 0.7 であった。この反応の反応速度定数を求めよ。

3 液相反応 A→C の反応速度式は次式で表わされる。

$$-r_A = k C_A^n$$

この反応を回分反応器で行った。A 成分の初濃度が 1600 mol·m^{-3} のとき，下表に示す反応時間と反応率との関係を得た。以下の問いに答えよ。

t [s]	520	815	1270	1990	2830
x_A	0.32	0.43	0.56	0.69	0.78

(1) t と C_A の図を作成し，その傾きから反応時間 815 s，1270 s，1930 s における反応速度を求めよ。

(2) $\log(-r_A)$ と $\log(C_A)$ の図を作成し，その傾きから反応次数を求めよ。

(3) 反応速度定数を求めよ。

4 液相逐次反応 A→R→S において A→R の反応速度式を $r_1=k_1 C_A$，R→S の反応速度式を $r_2=k_2 C_R$ とすると，生成物 R の収率は

$$\frac{C_R}{C_{A0}} = \frac{1}{1-x}(e^{-k_2 t} - e^{-k_1 t})$$

で表わされる。ここに $x=k_2/k_1$ である。以下の問いに答えよ。

(1) 生成物 R の収率が極大となる時間が

$$t = \ln(k_2/k_1)/(k_2-k_1)$$

で表わされることを示せ。

(2) 反応速度定数 $k_1=0.01$ s^{-1}，$k_2=0.008$ s^{-1} のとき，極大となるときの R の収率はいくらか。

5 液相反応 A → R は A 成分の 1 次反応であり，反応速度定数は $0.002\,\mathrm{s}^{-1}$ である．A 成分の初濃度を $100\,\mathrm{mol\cdot m^{-3}}$ として非理想流れ反応器を用いてこの反応を行う．この反応条件と同じ状態でインパルス応答を行い，以下のデータを得た．以下の問いに答えよ．

$t\,[\mathrm{min}]$	0	5	10	15	20	25	30
$C\,[\mathrm{mol\cdot m^{-3}}]$	0	3	5	4	2	1	0

(1) 平均滞留時間と分散を求めよ．

(2) この反応器の D/uL の値を求めよ．

6 液相反応 A → C + D を容積 $1\,\mathrm{m}^3$ の断熱式連続槽型反応器を用い，A 成分の初濃度 $2000\,\mathrm{mol\cdot m^{-3}}$，流量 $0.05\,\mathrm{m^3\cdot s^{-1}}$ で行う．この反応の反応速度式は

$$-r_\mathrm{A} = k_0 e^{-E/RT} C_\mathrm{A} \quad (k_0 = 260\,\mathrm{s}^{-1},\ E = 25\,\mathrm{kJ\cdot mol^{-1}})$$

である．以下の問いに答えよ．

(1) A 成分の反応率が 0.8 のとき，槽内温度は何 K か．（物質収支式から求めよ．）

(2) この反応の反応熱 $-\varDelta H = 180\,\mathrm{kJ\cdot mol^{-1}}$，混合溶液の平均密度が $1000\,\mathrm{kg\cdot m^{-3}}$，平均比熱が $4\,\mathrm{kJ\cdot kg^{-1}\cdot K^{-1}}$ のとき，A 成分の反応率が 0.8 のときの供給温度は何 K か．（熱収支から求めよ．）

第17章 反応と物質移動

　この章から後半は不均一反応系における反応工学を紹介する。不均一反応系では，反応物を含めて反応操作のはじめから二つ以上の相に分かれている場合と，反応が進むにつれて，生成物が別の相を形成することがある。特に気相あるいは液相から固体が析出する場合には，反応器内の流動状態の悪化や深刻な場合には配管の閉塞などが起こる。定常的に運転を進めていても長期間かかって次第にこのような事象が進むために，反応器の設計およびメンテナンスなども含めた考慮が必要である。第17章は気液反応および気固反応における反応と**物質移動**との関係を明らかにする。図17-1は気体中に液滴あるいは固体が分散している状態を示している。気相中の成分が，2相界面まで移動しなければ反応が進行しない。このように不均一系反応では物質移動速度を含んだ総括的な反応速度を導出する必要がある。図17-1の下側は気液および気固の界面の模式図である。気液反応では気体中の反応成分が界面に移動して界面反応するか，あるいは気体反

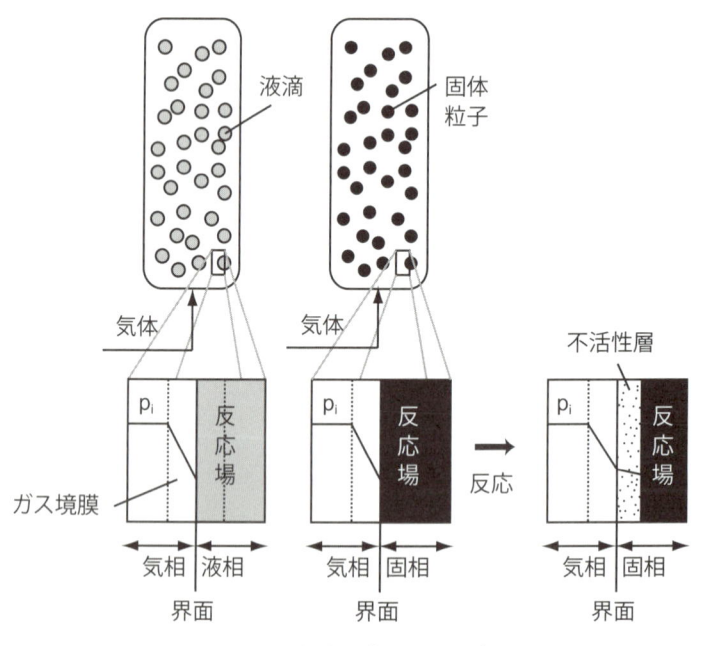

図17-1　気液反応と気固反応

応成分が液に溶解して液相内で反応する。気固反応では界面反応をする場合と，固体が多孔質の物質であれば気体成分が固体細孔内を拡散して固体内で反応する。さらに石炭などの燃焼では，表面に燃焼灰の層が形成されるので，気体成分が灰層から，多孔質石炭層を拡散した後に燃焼が起こるなど速度過程が複雑になる。

17-1 ■ 気液反応の解析

17-1-1 遅い反応の場合

この章では気体成分Aと液体成分Bの間で以下に示す気液反応が進行し，反応速度は $-r_A = kC_A C_B$ の2次反応で進むものとする。

$$A(g) + bB(l) \longrightarrow R(l) \tag{17-1}$$

気液界面の移動現象を解析するためのモデルとして，ここでは境膜モデルによって説明を進める。流体を強く混合していても，界面近傍には混合の小さい領域が形成される，その領域を**境膜 (Film)** と呼ぶ。境膜モデルでは境膜内では**分子拡散**によって物質移動が起こると仮定する。図17-2に示すように反応速度が遅い場合には，気液界面では，ガス境膜と液境膜が形成され，気体のA分子がガス境膜を拡散し，液界面で溶解して，その成分は液境膜を経て液相内部で反応が起こる。このとき，気液界面においてA成分の分圧 p_{Ai} と液濃度 C_{Ai} との間には平衡関係が成立すると仮定する。

ガス境膜内におけるA成分の**流束 (Flux)** J_{Ag}（単位断面積あたりのA成分の移動速度，単

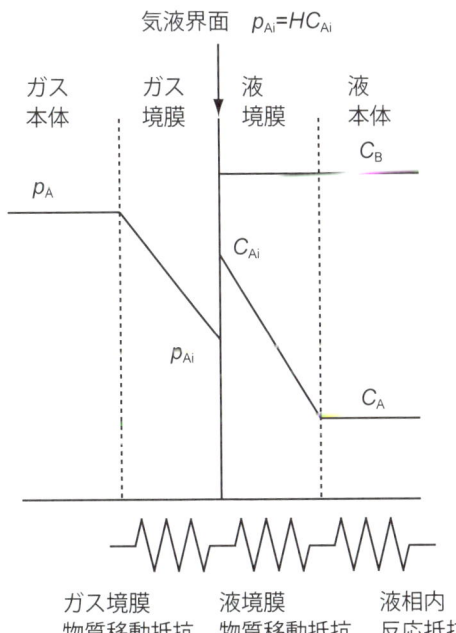

図 17-2　気液界面近傍の濃度分布

位:mol·m^{-2}·s^{-1})は,分子拡散係数を D_{Ag} とすると次式となる。

$$J_{Ag} = D_{Ag}(dp_A/dx) \tag{17-2}$$

境膜の厚さを δ_g とすると,境膜内の dp_A/dx が一定のとき,この値は $(p_A-p_{Ai})/\delta_g$ で表わされるので,(17-2) 式は次式となる。

$$J_{Ag} = D_{Ag}(p_A-p_{Ai})/\delta_g = k_g(p_A-p_{Ai}) \tag{17-3}$$

境膜の厚さ δ_g を直接決定できないので,(17-3) 式では境膜の厚さと分子拡散係数を組み合わせた**ガス境膜物質移動係数(Gas side film mass transfer coefficient)** $k_g(=D_{Ag}/\delta_g)$ で示している。

次に液側の物質移動についても同様の取り扱いができるので,液境膜内におけるA成分の流速 J_{Al} は次式となる。

$$J_{Al} = k_l(C_{Ai}-C_A) \tag{17-4}$$

ここで,k_l は**液境膜物質移動係数(Liquid side film mass transfer coefficient)**である。ガス側と液側の境膜を拡散して,液本体のA成分の濃度が C_A のとき,反応速度は

$$-r_A = kC_A C_B \tag{17-5}$$

ここで図 17-2 に示すように各移動過程および反応過程を抵抗で表わすと,それぞれの抵抗を通過する物質の移動速度と反応速度は同じである。この反応を液容積 V の反応器で行う。反応器内のA成分の消失速度は $(-r_A)V$ となる。一方,(17-2) 式および (17-4) 式で示した流束は単位断面積当りの移動量であり,ここで反応器内の全界面積を A とすると次式が成り立つ。

$$k_g A(p_A-p_{Ai}) = k_l A(C_{Ai}-C_A) = kVC_A C_B \tag{17-6}$$

(17-6) 式の各項を液容積 V で割り,液容積あたりの界面積を $a(=A/V)$ とすると (17-6) 式から物質移動速度は次式となる。

ガス境膜物質移動速度:$N_{Ag}=k_g a(p_A-p_{Ai})$ [mol·m^{-3}·s^{-1}] (17-7)

液境膜物質移動速度:$N_{Al}=k_l a(C_{Ai}-C_A)$ [mol·m^{-3}·s^{-1}] (17-8)

さらに気液間で次式の**ヘンリーの法則(Henry's law)**が成り立つとすると

$$p_{Ai} = HC_{Ai} \tag{17-9}$$

となる。(17-6) 式と (17-9) 式から

$$k_g a(p_A-HC_{Ai}) = k_l a(C_{Ai}-C_A) = kC_A C_B = (-r_A) \tag{17-10}$$

となる。界面における濃度は測定ができないので,(17-10) 式から C_{Ai} を消去すると,反応速度は次式となる。

$$(-r_A) = \frac{p_A}{(1/k_g a)+(H/k_l a)+(H/kC_B)} \tag{17-11}$$

気相内のA成分の分圧 p_A で反応が駆動し,$-r_A$ の速度で反応が進むとき,$(1/k_g a)$,$(H/k_l a)$ および (H/kC_B) の各項が抵抗を表わすことになる。$(H/kC_B) \gg (1/k_g a)$,$(H/k_l a)$ の条件では物質移動速度が大きいので,全体の反応速度は液相内反応が支配し,反応速度は $(-r_A)=k(p_A/H)C_B=kC_A C_B$ となる。$(1/k_g a) \gg (H/kC_B)$,$(H/k_l a)$ の条件ではガス境膜物質移動支配となり,反応速

度は $(-r_A) = k_g a p_A$ で表わされる。同様に液境膜物質移動支配では反応速度は $(-r_A) = (k_l a/H) p_A$ となる。

> **例題 17-1**
>
> (17-10) 式を用いて (17-11) 式を導出せよ。

解 答

(17-10) 式における A 成分の濃度項は次式となる。

$$p_A - HC_{Ai} = (-r_A)/(k_g a)$$
$$C_{Ai} - C_A = (-r_A)/(k_l a)$$
$$C_A = (-r_A)/(kC_B)$$

2 番目と 3 番目の式の両辺に H をかけて整理すると

$$p_A - HC_{Ai} = (-r_A)/(k_g a)$$
$$HC_{Ai} - HC_A = (-r_A)H/(k_l a)$$
$$HC_A = (-r_A)H/(kC_B)$$

これらの式の左辺の和と右辺の和は等しいので

$$(p_A - \cancel{HC_{Ai}}) + (\cancel{HC_{Ai}} - \cancel{HC_A}) + (\cancel{HC_A})$$
$$= [(-r_A)/(k_g a)] + [(-r_A)H/(k_l a)] + [(-r_A)H/(kC_B)]$$
$$p_A = (-r_A)[1/(k_g a) + H/(k_l a) + H/(kC_B)]$$

$(-r_A)$ で整理すると

$$(-r_A) = p_A/[1/(k_g a) + H/(k_l a) + H/(kC_B)] \tag{17-11 式}$$

17-1-2 瞬間反応の場合

反応速度が非常に大きい場合には図 17-3 に示すように，A 分子と B 分子が出会った瞬間に反応して濃度が 0 となる。A 分子のガス側の流束 J_{Ag} は (17-3) 式で表わされ，図 17-3 左図に示すように気液界面から距離 x の地点で反応が起こるとすると，A 分子と B 分子の液側の流束 J_{Al} と J_{Bl} は次式で表わされる。

$$J_{Al} = D_A[(C_{Ai} - 0)/x] \tag{17-12}$$
$$J_{Bl} = D_B[(C_B - 0)/(\delta - x)] \tag{17-13}$$

(17-1) 式の量論関係から A 分子の液側の流束の $(1/b)$ が B 分子の液側の流束 J_{Bl} となるので

$$J_{Al} = J_{Bl}/b \tag{17-14}$$

(17-12) 式と (17-13) 式から (17-14) 式を用いて，$1/x$ を求めると

$$(1/x) = [1 + (D_B C_B/b D_A C_{Ai})]/\delta \tag{17-15}$$

これを (17-12) 式に代入すると

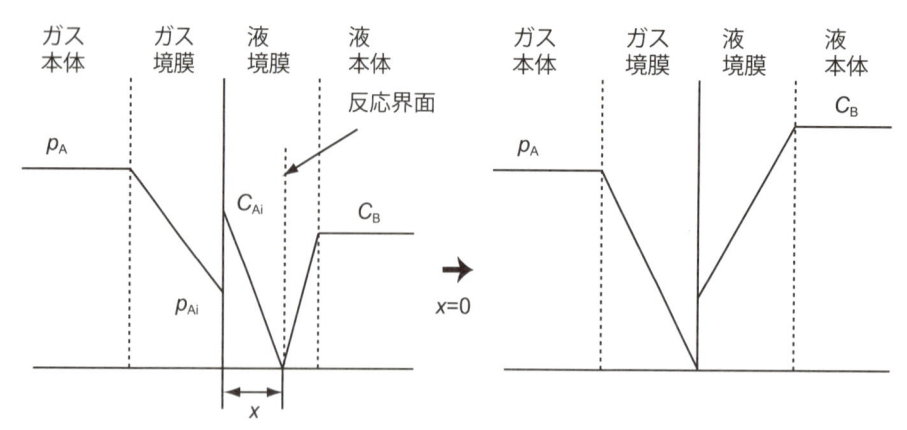

図 17-3 瞬間反応における界面近傍の濃度分布

$$J_{A1} = (D_A/\delta)C_{Ai}[1 + (D_B C_B/bD_A C_{Ai})]$$
$$= k_l C_{Ai}[1 + (D_B C_B/bD_A C_{Ai})] \tag{17-16}$$

となる。A 分子が化学反応を伴わずに液本体に物理吸収され，液本体の A 分子濃度が非常に小さいときには，吸収速度は $J_{A1} = k_l C_{Ai}$ となる。したがって反応を伴わず吸収のみが起こる場合に比べて，**瞬間反応（Instantaneous reaction）**が起こる場合には吸収速度が $[1 + (D_B C_B/bD_A C_{Ai})]$ 倍大きくなる。この値を $\beta(=1+(D_B C_B/bD_A C_{Ai}))$ とすると，β は化学反応による吸収速度の促進の程度を表す無次元数で，**八田数（Hatta modulus）**と呼ぶ。

(17-16) 式には，測定が困難な界面での濃度 C_{Ai} が含まれているので，17-1-1 と同様に (17-3) 式のガス境膜物質移動速度と液境膜物質移動速度が等しく，さらに (17-9) 式のヘンリーの法則を用いて C_{Ai} を消去すると

$$J_A = \frac{p_A/H + (D_B/bD_A)C_B}{(1/k_g H) + (1/k_l)} = K_G\left(p_A + \frac{HD_B}{bD_A}C_B\right) \tag{17-17}$$

ここで K_G は次式で定義されるガス側基準の**総括物質移動係数（Overall mass transfer coefficient）**である。

$$1/K_G = (1/k_g) + (H/k_l) \tag{17-18}$$

液容積あたりの界面積を $a(=A/V)$ とすると，体積基準の反応速度 $-r_A$ は次式となる。

$$-r_A = K_G a(p_A + HD_B C_B/bD_A) \tag{17-19}$$

液濃度 C_B が高くなると反応界面がガス側に移動して，最後には気液界面と反応界面が一致する。このとき，反応はガス境膜の物質移動で決まるので，反応速度は次式で表わされる。

$$-r_A = k_g a p_A \tag{17-20}$$

17-2 ■気固反応の解析

　気固反応には石炭の燃焼，ガス化，鉄鉱石の還元，石灰石の熱分解など工業的に重要な多くの反応がある。これらの反応では次式で示すように固体反応物はガスとして消失するかあるいは固体生成物となる。

$$A(g) + bB(s) \longrightarrow cC(g) + dD(s) \tag{17-21}$$

$$O_2 + C(coal) \longrightarrow CO_2 \quad （石炭の燃焼）$$

$$3CO + Fe_2O_3 \longrightarrow 3CO_2 + 2Fe \quad （鉄鉱石の還元）$$

$$CaCO_3 \longrightarrow CO_2 + CaO \quad （石灰石の熱分解）$$

気相析出（Chemical vapor deposition, CVD）法による粒子析出や粒子表面修飾も気固反応である。また，固体反応物が緻密であるか多孔質材料であるかによって反応気体の拡散効果が異なってくる。本章では図17-4に示すように多孔質固体粒子で粒子内に気体分子が拡散して反応が進む系について説明する。図17-4(a)は粒子内部での気体の拡散速度が十分に早いために反応が粒子内で均一に起こる場合を示し，粒子内部の気体の拡散速度が遅くなると(b)や(c)に示すように反応により固相成分濃度に分布が生じる。一方，(d)は気体が粒子内を拡散し，粒子内の界面において反応が起こり，その反応界面が内部に向かって移動する**未反応核モデル（Shrinking core model）**である。このモデルでは(d)に示すように，未反応核の外側に反応生成物層が形成され，粒子径が変化しない場合と，未反応核だけが残るために粒子径が次第に小さくなる場合がある。

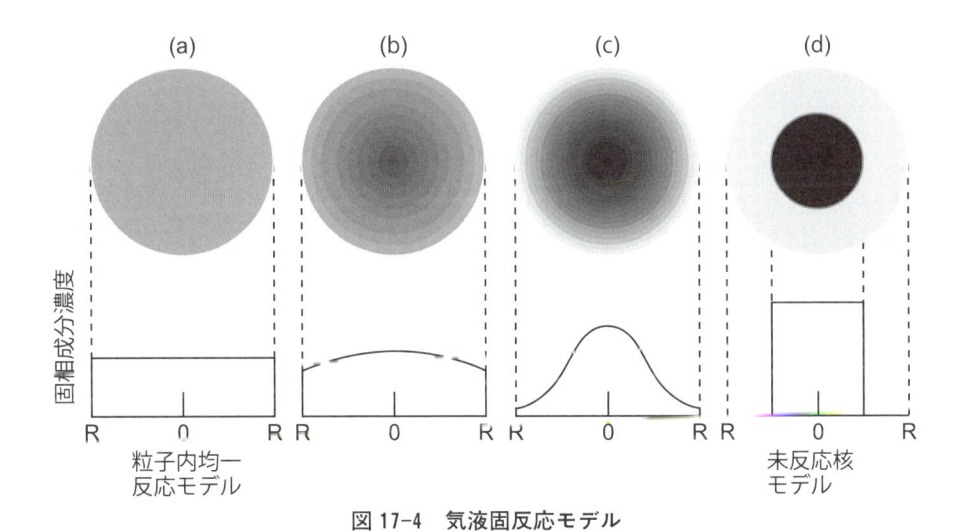

図17-4　気液固反応モデル

17-3 ■未反応核モデル

　図 17-5 は生成物層が形成される未反応核モデルについて 1 個の粒子内外の気体の濃度分布を示す。半径 R の固体粒子の外側はガス境膜で取り囲まれており，反応が進行している状態なので半径 r_c の未反応核が存在する。(17-21) 式に示す気固反応が進行しているとすると，反応の過程は (1) **ガス境膜内物質移動**過程，(2) **生成物層内物質移動**過程，(3) 未反応核表面での反応過程の三つの過程が直列につながっている。ガス境膜内の物質移動速度 $Q_g[\mathrm{mol \cdot s^{-1}}]$ は，単位外表面積あたりの移動速度 $J_G[\mathrm{mol \cdot m^{-2} \cdot s^{-1}}]$ と粒子の外表面積 $4\pi R^2$ の積となる。

$$Q_g = 4\pi R^2 J_G = 4\pi R^2 k_g(C_{Ab} - C_{As}) \tag{17-22}$$

ここで，C_{Ab} はガス本体での A の濃度，C_{As} は固体表面での A の濃度である。また，境膜の厚さ δ は薄いので，外部境膜の表面積は $4\pi R^2$ とほぼ等しい。

　生成物層内の物質移動速度 Q_s は，生成物層内の A の有効拡散係数を D_{eA} とすると以下の式で表わされる。

$$Q_s = 4\pi r^2 D_{eA}(dC_A/dr) \tag{17-23}$$

$r = r_c$ で $C_A = C_{Ac}$，$r = R$ で $C_A = C_{As}$ の境界条件で (17-23) 式を解くと，次式となる。

$$Q_s = 4\pi D_{eA} \frac{C_{As} - C_{Ac}}{1/r_c - 1/R} \tag{17-24}$$

1 個の粒子の未反応核表面の反応速度 $Q_r[\mathrm{mol \cdot s^{-1}}]$ は，反応が A 成分の 1 次反応で，単位表面積当りの反応速度定数を k_s とすると，次式で表わされる。

$$Q_r = 4\pi r_c^2 k_s C_{Ac} \tag{17-25}$$

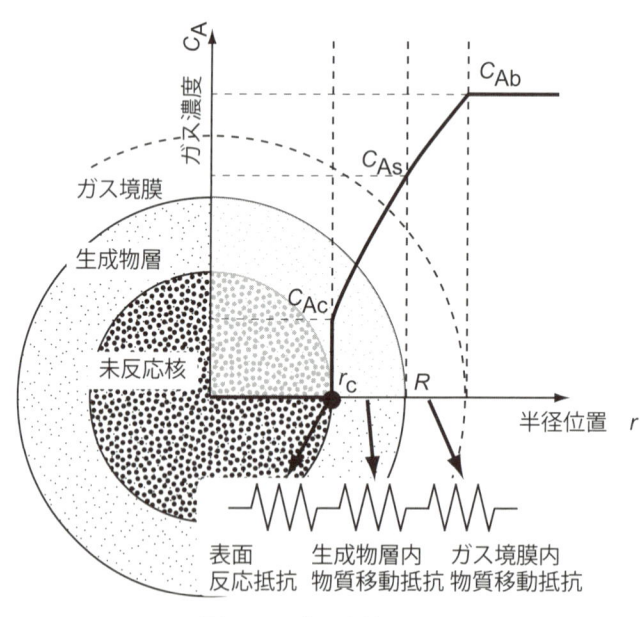

図 17-5　未反応核モデル

(17-22), (17-24) および (17-25) 式で示される各物質移動速度は等しいので, 濃度項を分数の分子に集めると

$$\frac{C_{Ab}-C_{As}}{1/4\pi R^2 k_g} = \frac{C_{As}-C_{Ac}}{(R-r_c)/4\pi D_{eA}Rr_c} = \frac{C_{Ac}}{1/4\pi r_c^2 k_s} \quad (17\text{-}26)$$

となる。C_{As} および C_{Ac} は測定が困難なので, (17-26) 式から C_{As} および C_{Ac} を消去して整理すると, 固体粒子 1 個について A の消失速度 $-r_{pA}(=Q_r)$ は

$$-r_{pA} = \frac{4\pi C_{Ab}}{(1/k_g R^2)+(R-r_c)[1/Rr_c D_{eA}]+(1/k_s r_c^2)} \quad (17\text{-}27)$$

ガス成分 A の反応速度と固体成分 B の反応速度の関係は, 固体の密度を $\rho_B [\text{kg}\cdot\text{m}^{-3}]$, 分子量を $M [\text{kg}\cdot\text{mol}^{-1}]$ とすると次式となる。

$$-r_{pA} = (1/b)(-r_{pB}) = (1/b)\frac{d}{dt}\left(\frac{4}{3}\pi r_c^3 \frac{\rho_B}{M}\right) \quad (17\text{-}28)$$

(17-27) 式と (17-28) 式から, r_c に対する微分方程式が導かれ, それを $t=0\sim t$, $r_c=R\sim r_c$ の間で積分すると

$$t = \frac{(\rho_B/M)R}{bC_{Ab}}\left[\frac{1}{3}\left(\frac{1}{k_g}-\frac{R}{D_{eA}}\right)\left(1-\frac{r_c^3}{R^3}\right) + \frac{R}{2D_{eA}}\left(1-\frac{r_c^2}{R^2}\right) + \frac{1}{k_s}\left(1-\frac{r_c}{R}\right)\right] \quad (17\text{-}29)$$

ここで固体 B の反応率を x_B とすると, 次式の関係が成り立つ。

$$1-x_B = (r_c/R)^3 \quad (17\text{-}30)$$

(17-29) 式は未反応核が半径 r_c となるまでの経過時間を与える式である。$r_c=0$ とすれば, 反応が完結する時間 t^* となる。

気固反応の総括反応速度は, 直列の速度過程の中でもっとも遅い過程, すなわち抵抗のもっとも大きい段階を通過する速度で決定される。このようにもっとも抵抗が大きい過程を**律速過程 (Rate-determining step)** と呼ぶ。二つあるいは三つの抵抗がほぼ同じであり律速過程が決められないこともある。

他の二つの過程に比べてガス境膜内拡散が極端に遅い場合には, ガス境膜物質移動速度が全体の反応速度と等しくなるので律速過程はガス境膜内拡散であり, **ガス境膜内拡散支配**と呼ぶ。他も同様に考えて**生成物層内拡散支配**と**表面反応支配**の場合の経過時間 t と固体成分 B の反応率との関係を整理すると表 17-1 および図 17-6 となり, 時間と反応率との関係を導けば, 気固反応の律速過程が明らかになる。

表 17-1　気固反応における反応完結時間

律速過程	ガス境膜内拡散	生成物層内拡散	表面反応
条件	$\frac{1}{3k_g} \gg \frac{R}{6D_{eA}}, \frac{1}{k_s}$	$\frac{R}{6D_{eA}} \gg \frac{1}{3k_g}, \frac{1}{k_s}$	$\frac{1}{k_s} \gg \frac{1}{3k_g}, \frac{R}{6D_{eA}}$
反応完結時間 t^*	$t^* = \frac{(\rho_B/M)R}{3bC_{Ab}k_g}$	$t^* = \frac{(\rho_B/M)R^2}{6bC_{Ab}D_{eA}}$	$t^* = \frac{(\rho_B/M)R}{bC_{Ab}k_s}$
無次元時間 (t/t^*)	$t/t^* = x_B$	$t/t^* = 1-3(1-x_B)^{2/3}+2(1-x_B)$	$t/t^* = 1-(1-x_B)^{1/3}$

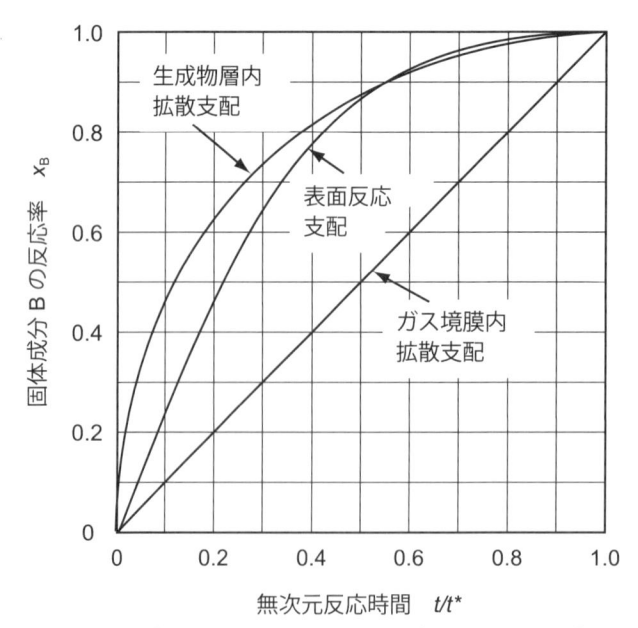

図 17-6　未反応核モデルによる固体の反応率と無次元反応時間

第18章 気固触媒反応の移動速度

　第17章では不均一反応として気液反応と気固反応について，化学反応と物質移動との関係について述べてきた。工業的に有用な化学プロセスの多くは**固体触媒**を用いる反応である。固体触媒の多くは，触媒表面積を大きくするために微細な**細孔（Pore）**を持つ多孔質材料であり，この多孔質材料の細孔内に触媒活性を示す成分を添加したものが多い。本章では，固体粒子－流体間の物質移動と触媒粒子内の物質移動について解説する。

18-1 ■触媒反応の反応速度

　触媒反応は第4章で述べたように，反応物の吸着と触媒表面での反応，そして生成物の脱着が起こるために，その反応速度は以下に示す**ラングミュアーヒンシェルウッド型の式**で表わされる。

　　　（反応速度）＝（速度定数）（推進力）/（吸着項）　　　　　　　　　　　　(18-1)

反応に関係する成分をAとBに限定すると（18-1）式は

$$(-r_A) = kC_A^u C_B^v /(1 + K_1 C_A^w + K_2 C_B^x + K_3 C_A^y C_B^z) \qquad (18\text{-}2)$$

となる。

　気固触媒反応では第17章で述べた気固反応と同様に触媒反応に物質移動が大きく影響する。固体触媒による反応は図18-1に示すように反応物のガス境膜内物質移動，触媒内物質移動，触媒反応，生成物の触媒内物質移動，生成物のガス境膜内物質移動の過程を経て進む。それらの中でもっとも遅い過程が律速となり，全体の反応速度に大きく影響する。

　触媒粒子の内外におけるガス成分Aの濃度分布は図18-1のようになり，触媒内の濃度は中心へ向かうほど小さくなるので，触媒粒子内の反応は均一ではない。このことを考慮して触媒粒子1個当たりのみかけの反応速度を決める必要がある。みかけの反応速度式が決まれば，固定層反応器の物質収支から設計方程式を導くことができる。

触媒粒子　気相

反応
cat.
aA + bB → cC + dD

① 反応物のガス境膜物質移動
② 反応物の触媒内物質移動
③ 触媒反応
④ 生成物の触媒内物質移動
⑤ 生成物のガス境膜物質移動

触媒粒子内の濃度分布

ガス濃度　C_{Ab}　C_{As}

R　0　R
半径位置

固定層反応器
C_{Af}
C_{A0}
触媒粒子

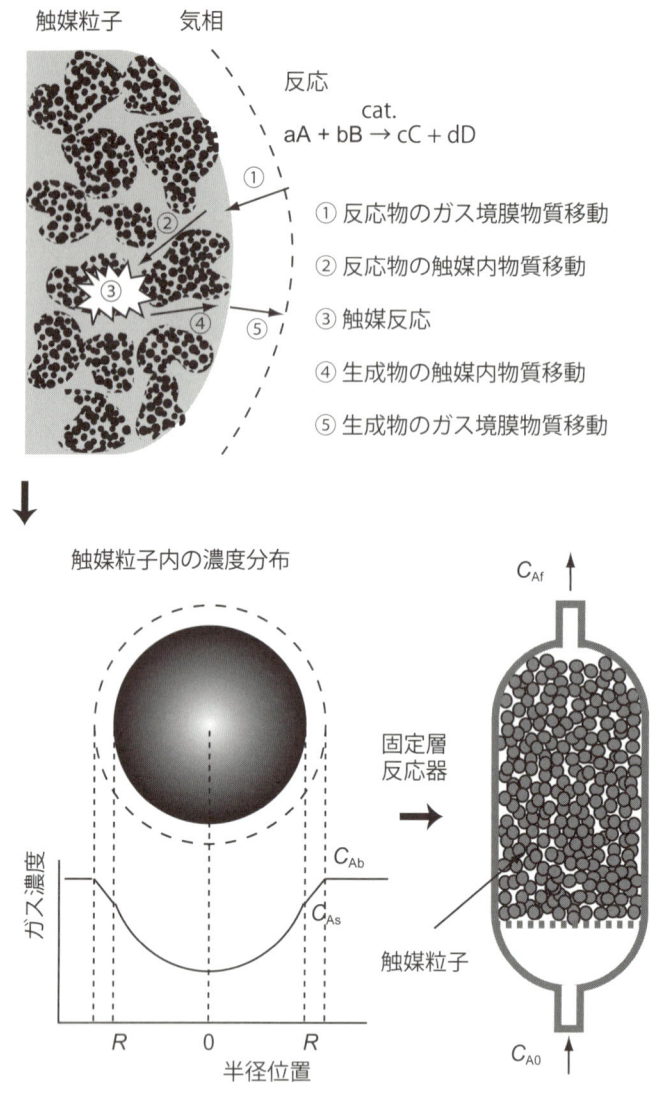

図 18-1　固定層反応器内の触媒反応

18-2 ■ 固体粒子と流体間の物質移動

　ガス相本体から触媒粒子外表面への拡散は，第17章で述べた触媒が関与しない気固反応の場合と同様に（17-22）式で表わされる。これを表面積あたりの物質移動速度 J_A[mol·m^{-2}·s^{-1}] で表わすと次式となる。

$$J_A = k_g(C_{Ab} - C_{As}) \tag{18-3}$$
$$J_A = k_g^*(p_{Ab} - p_{As}) \tag{18-4}$$

（18-4）式は気体濃度 C を分圧 p で表わした場合であり，通常は $p = CRT$ で近似できるので，濃度基準のガス境膜物質移動係数 k_g[m·s^{-1}] と分圧基準のガス境膜物質移動係数 k_g^*[mol·m^{-2}·s^{-1}

・Pa^{-1}］との間に次式の関係が成立する。

$$k_g = k_g^* RT \tag{18-5}$$

固定層反応器内をガスが流れているときのガス境膜物質移動係数 k_g の推定には次式が使用される。

$$Sh = 2 + 1.1 Re_p^{0.6} Sc^{1/3} \tag{18-6}$$

ここに，Sh は**シャーウッド（Sherwood）数**，Re_p は**レイノルズ（Reynoldz）数**，Sc は**シュミット（Schmidt）数**と呼ばれる無次元数で，次式から計算できる。

$$Sh = k_g d_p / D_A, \quad Re_p = d_p u \rho / \mu, \quad Sc = \mu / \rho D_A \tag{18-7}$$

ここに，d_p は触媒粒子径 [m]，u は流体速度 [m・s^{-1}]，D_A は A 成分の分子拡散係数 [m^2・s^{-1}]，ρ は流体の密度 [kg・m^{-3}]，μ は流体の粘度 [kg・m^{-1}・s^{-1}] である。

(18-6) 式で計算したガス境膜物質移動係数 k_g を用いれば，ガス境膜内拡散支配の場合の反応速度を定式化でき，反応器設計が可能になる。詳細は第 19 章で述べる。

18-3 ■触媒粒子内の物質移動

固体触媒の多くは微細な**細孔（Pore）**を持つ**多孔質材料（Porous material）**であり，多くの固体触媒では粒子内の細孔**比表面積（Specific surface area）**a_s は 10-1000 m^2・(g-触媒)$^{-1}$ となる。直径 d_p の球状固体触媒 1 g あたりの外表面積 a_s は次式で表わされる。

$$a_s = [4\pi(d_p/2)^2/\rho_p(4/3)\pi(d_p/2)^3] = 6/(\rho_p d_p) \tag{18-8}$$

ここに，ρ_p は触媒粒子の密度である。(18-8) 式を用いて直径 2 mm で密度 2 g・cm^{-3} の触媒の外表面積を計算すると比表面積は 0.0015 m^2・(g-触媒)$^{-1}$ になる。代表的な多孔質材料であるシリカゲルや活性炭の粒子内の比表面積が 1000 m^2・g^{-1} 以上である。このように多孔質材料の外表面積に比べて粒子内表面積が非常に大きいので，外表面に達した反応成分の大部分は粒子内を拡散しながら触媒活性点で反応する。ここでは細孔内の拡散について説明する。

多孔質材料内部の細孔はそのサイズ d_v によって**ミクロ孔（Micro pore）**（d_v＜2 nm），**メソ孔（Meso pore）**（2 nm＜d_v＜50 nm）および**マクロ孔（Macro pore）**（50 nm＜d_v）に分類される。ミクロ孔の最大サイズである 2 nm の大きさは窒素などの代表的な気体分子の 5 倍程度のサイズであるために，気体分子は吸着などの影響を受けながら拡散するので拡散速度は非常に小さい。

多孔質材料内の拡散現象は非常に複雑なので，ここでは直径 d_v の毛管内の拡散を考える。気体中では分子は互いに衝突を繰り返しながら高速で運動している。このとき 1 個の気体分子がある分子と衝突し，別の分子と衝突するまでの平均移動距離を**平均自由行程（Mean free path）**λ と呼ぶ。この分子の平均自由行程 λ と毛管の直径 d_v の大小によって，毛管内の拡散は**クヌッセン拡散（Knudsen diffusion）**と**分子拡散**に分類できる。

18-3-1 クヌッセン拡散

常温における窒素の平均自由行程は約 70 nm であり，メソ孔領域では平均自由行程に比べて細孔径が小さくなり，この場合にはメソ孔内に侵入した気体分子は，他の気体分子と衝突することなく細孔壁との衝突を繰り返しながら拡散する。このような拡散をクヌッセン拡散と呼ぶ。このとき細孔内を通過する気体分子 A の流束は A の濃度勾配に比例し，そのときの**クヌッセン拡散係数** D_{KA} は次式で表わされる。

$$D_{KA} = 1.533\, d_v \sqrt{T/M_A} \tag{18-9}$$

この式は有次元式であり，D_{KA} の単位は $[m^2 \cdot s^{-1}]$ であり，細孔直径 d_v の単位は $[m]$，T は絶対温度 $[K]$，M_A は分子量 $[kg \cdot mol^{-1}]$ とする。

18-3-2 分子拡散

平均自由行程に比べて細孔径が十分に大きくなれば，通常の分子拡散が支配的になる。反応が起こっている場合の物質移動係数は，図 18-2 に示すように分子拡散と共に反応物と生成物との体積変化が引き起こす流れの項を考慮すると原料成分 A の移動速度は次式で表わされる。

$$\begin{aligned}
J_A &= -D_{Am}\frac{dc_A}{dx} + \frac{c_A}{c_{TJ}}(J_A+J_B+J_C+J_D) \\
&= -D_{Am}\frac{dc_A}{dx} + \frac{c_A}{c_T}J_A\left(1+\frac{b}{a}-\frac{c}{a}-\frac{d}{a}\right) \\
&= -D_{Am}\frac{dc_A}{dx} + y_A J_A(-\delta_A)
\end{aligned} \tag{18-10}$$

ここに $y_A = C_A/C_T$，$\delta_A = [(-a-b+c+d)/a]$ である。(18-10) 式から J_A は

$$J_A = \frac{-D_{Am}}{1+\delta_A y_A}\frac{dC_A}{dx} \tag{18-11}$$

ここに D_{Am} は A の有効分子拡散係数である。

$1 \gg \delta_A y_A$ の条件では，クヌッセン拡散領域から分子拡散領域までのすべての領域を含む拡散係数 D_N は次式で表わすことができる。

$$1/D_N = 1/D_{KA} + 1/D_{Am} \tag{18-12}$$

18-3-3 有効拡散係数

(18-9) 式，(18-11) 式および (18-12) 式は直線状の細孔に適用する拡散係数であるが，実際の触媒は大小の細孔が屈曲した構造をとると考えられる。また，多孔質材料内部の細孔が形成する空間の割合（**空間率** ε）の大小によって拡散速度が変化する。したがって，これらのファクターを考慮した**有効拡散係数（Effective diffusion coefficient）** D_{eA} は次式より求められる。

$$D_{eA} = \frac{\varepsilon}{\tau}D_N = \frac{\varepsilon}{\tau}\frac{1}{1/D_{KA}+1/D_{Am}} \tag{18-13}$$

ここで τ は細孔の屈曲の程度を表わす係数であり，**屈曲係数（Tortuosity factor）** と呼ぶ。実験結果からは屈曲係数の値は 2 から 6 程度の値である。

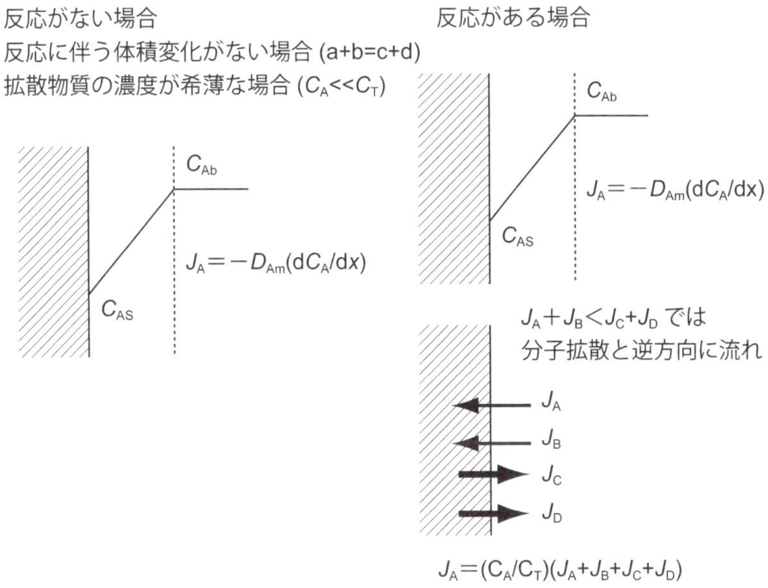

18-3 触媒粒子内の物質移動

反応がない場合
反応に伴う体積変化がない場合 (a+b=c+d)
拡散物質の濃度が希薄な場合 ($C_A \ll C_T$)

C_{Ab}
C_{AS}
$J_A = -D_{Am}(dC_A/dx)$

反応がある場合

C_{Ab}
C_{AS}
$J_A = -D_{Am}(dC_A/dx)$

$J_A + J_B < J_C + J_D$ では
分子拡散と逆方向に流れ

J_A
J_B
J_C
J_D

$J_A = (C_A/C_T)(J_A + J_B + J_C + J_D)$

図 18-2　反応がある場合の境膜分子拡散

第 19 章 固体触媒内の反応

　固体触媒粒子が多孔質材料のときには，反応物が粒子内を拡散によって移動しながら反応する。粒子内拡散速度が触媒活性点での反応速度より大きい場合には，反応は粒子内で均一に起こり，逆に粒子内拡散速度と比較して反応速度が大きい場合には触媒粒子の外表面とその近傍で反応が起こる。その中間では触媒粒子内の反応物濃度に勾配が生じ，粒子内の場所によって反応速度が異なると考えられる。本章では粒子内拡散係数と反応速度定数を含むパラメータとして**触媒有効係数（Effectiveness factor）**を定義し，反応速度に及ぼす触媒有効係数の影響を明らかにする。最後に気固触媒反応器の設計法について説明する。

19-1 ■触媒粒子内の気体の濃度分布

　半径 R の球形触媒粒子内で気体反応物 A が図 19-1 に示す濃度分布をとり，表面濃度を C_{AS} とする。ここで半径 r の球面と半径 $(r+dr)$ での球面で囲まれた微小球殻に着目し，この球殻における A 成分の物質収支をとると次式となる。

$$(4\pi r^2 J_A)_r - (4\pi r^2 J_A)_{r+dr} + 4\pi r^2 dr \rho_p r_{AW} = 0 \tag{19-1}$$

ここに J_A は多孔性固体内の拡散速度である。ρ_p は固体のみかけの密度 [kg・m^{-3}] なので，$4\pi r^2 dr \rho_p$ は微小球殻の質量となる。したがって，r_{AW}[mol・kg^{-1}・s^{-1}] は触媒質量基準の反応速度である。

　固体触媒の反応速度は 4-2-1 で述べたように一般的には**ラングミュアーヒンシェルウッド式**などの複雑な速度式で表現されるが，ここでは A に対して 1 次反応（$-r_{AW} = k_{AW}C_A$）であるとする。拡散速度 J_A は有効拡散係数 D_{eA} を用いると，$J_A = D_{eA}(dC_A/dr)$ となるので，これを代入して整理すると

$$4\pi r^2 D_{eA}\frac{dC_A}{dr} - 4\pi r^2 D_{eA}\frac{dC_A}{dr} - \frac{d}{dr}\Big(4\pi r^2 D_{eA}\frac{dC_A}{dr}\Big)dr$$
$$+ 4\pi r^2 \rho_p k_{AW} C_A dr = 0 \tag{19-2}$$

となる。この式を整理すると以下の微分方程式が得られる。

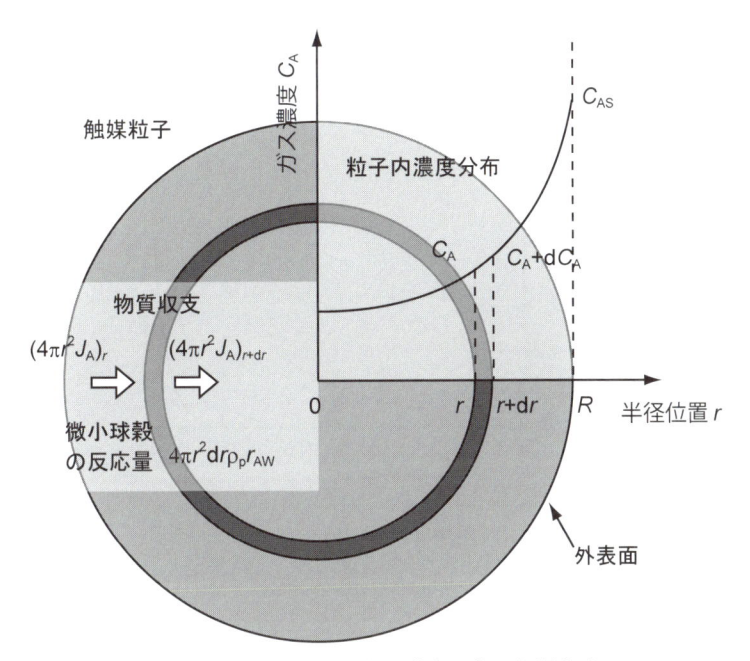

図 19-1　球形触媒粒子内の濃度分布と物質収支

$$\frac{D_{eA}}{r^2}\frac{d}{dr}\left(r^2\frac{dC_A}{dr}\right) - k_{AW}\rho_p C_A = 0 \tag{19-3}$$

粒子の中心（$r=0$）では濃度勾配がないので$dC_A/dr=0$，粒子外表面（$r=R$）の濃度C_{AS}の境界条件が成立する。さらに，半径rと濃度C_Aを以下の式で無次元化する。

$$\xi = r/R, \quad \psi = C_A/C_{AS} \tag{19-4}$$

無次元数ξとψを使って，(19-3) 式を整理すると

$$\frac{1}{\xi^2}\frac{d}{d\xi}\psi - \frac{R^2 k_{AW}\rho_P}{3D_{eA}}\psi = \frac{1}{\xi^2}\frac{d}{d\xi}\left(\xi^2\frac{d\psi}{d\xi}\right) - (3\phi)^2\psi = 0 \tag{19-5}$$

境界条件は

$$\xi = 0, \ d\psi/d\xi = 0; \ \xi = 1, \ \psi = 1 \tag{19-6}$$

となり，ここに

$$\phi = \frac{R}{3}\sqrt{\frac{k_{AW}\rho_P}{D_{eA}}} \tag{19-7}$$

である。パラメータϕは無次元項であり，**ティレ数（Thiele modulus）**と呼ぶ。(19-5) 式の微分方程式を (19-6) 式の境界条件で解くと次式となる。

$$\psi = \frac{e^{3\phi\xi}-e^{-3\phi\xi}}{\xi(e^{3\phi}-e^{-3\phi})} = \frac{\sinh(3\phi\xi)}{\xi \sinh(3\phi)} \quad (0<\xi\leq 1) \tag{19-8}$$

この式は気体成分Aの無次元濃度$\psi(=C_A/C_{AS})$と粒子内の無次元位置$\xi(=r/R)$との関係を示すので，無次元パラメータϕを決めれば粒子内の濃度分布が決まる。図19-2に両者の関係を示す。

粒径Rが一定の条件で，反応速度項（$k_{AW}\rho_p$）が粒子内拡散項（D_{eA}）よりも大きい場合には

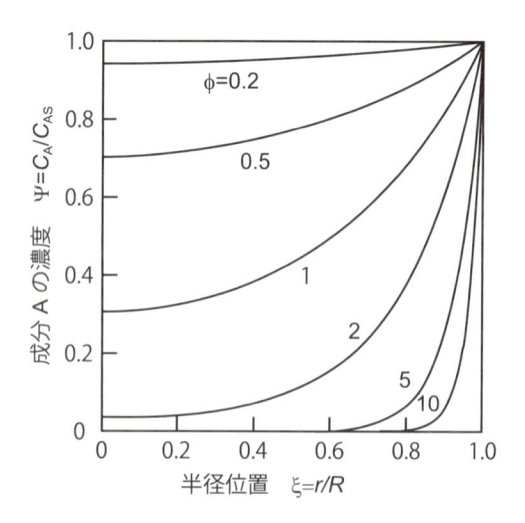

図 19-2 球形触媒粒子内の A 成分の濃度分布

ティレ数が大きくなり，このときには図 19-2 に示すように粒子外表面近傍で反応が進む．逆に反応速度項 ($k_{AW}\rho_p$) が粒子内拡散項 (D_{eA}) よりも小さい場合にはティレ数が小さくなり，ガス分子が容易に粒子内へ拡散するので，ガス成分の濃度は粒子内で均一になり，反応は粒子全体で進むことになる．

19-2 ■触媒有効係数

図 19-2 でティレ数が大きい条件では，触媒粒子の内部では気体反応物濃度が低いので触媒反応が進まない．触媒外表面における気体成分濃度が粒子内部まで一定である場合に，この触媒粒子の反応速度は最大となるが，実際には粒子内濃度分布のために 1 個の触媒粒子の反応速度は減少する．そこで，両者の比を**触媒有効係数**または単に**有効係数** η と呼ぶ．

$$\eta = \frac{(触媒粒子 1 個当りの実際の反応速度)}{(触媒粒子内部の反応物濃度が外表面と同一であるときの反応速度)} \tag{19-9}$$

実際の反応速度は触媒粒子外表面における A 成分の物質移動速度と等しいので

$$実際の反応速度 = 4\pi R^2 (-J_{AS})_{r=R} = 4\pi R^2 D_{eA}\left(\frac{dC_A}{dr}\right)_{r=R} \tag{19-10}$$

となる．一方粒子内拡散の影響がない場合の最大反応速度は

$$最大反応速度 = (4/3)\pi R^3 \rho_p k_{AW} C_{AS} \tag{19-11}$$

になり，(19-8) 式を微分して $\xi=1$ とおき，代入すると，触媒有効係数 η は

$$\eta = \frac{4\pi R^2 D_{eA}(dC_A/dr)_{r=R}}{(4/3)\pi R^3 \rho_p k_{AW} C_{AS}} = \frac{1}{3\phi^2}\left(\frac{d\psi}{d\xi}\right)_{\xi=1} = \frac{1}{\phi}\left[\frac{1}{\tanh(3\phi)} - \frac{1}{3\phi}\right] \tag{19-12}$$

となる．(19-12) 式のティレ数 ϕ と触媒有効係数 η の関係を図 19-3 に示す．図 19-2 に示した $\phi=0.2$ で反応が粒子内で均一に起こる状況では，$\eta=0.977$ となり，ϕ が 0.2 より小さい場合に

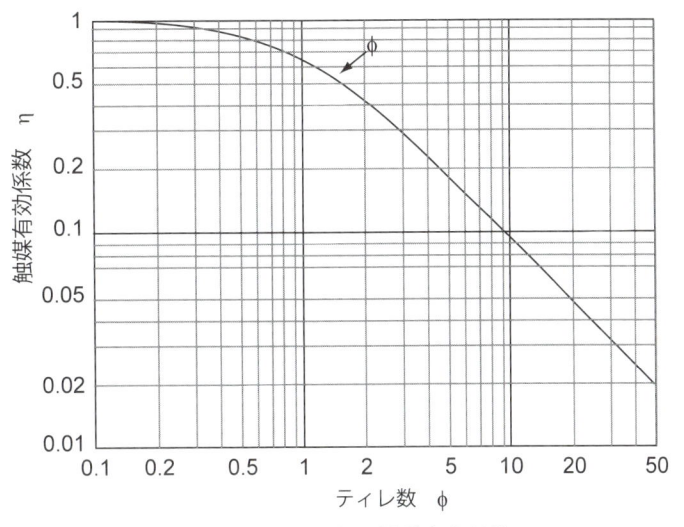

図 19-3　ティレ数と触媒有効係数

表 19-1　ティレ数

反応速度式	ティレ数
1次反応 $-r_{AW} = k_{AW} C_A$	$\phi = \dfrac{R}{3}\sqrt{\dfrac{k_{AW}\rho_p}{D_{eA}}}$
n次反応 $-r_{An} = k_{An} C_A^n$	$\phi_n = \dfrac{R}{3}\sqrt{\dfrac{(n+1)}{2}\dfrac{\rho_p k_{An} C_{AS}^{n-1}}{D_{eA}}}$
ラングミュアーヒンシェルウッド型 $-r_{AL} = \dfrac{kKC_A}{1+KC_A}$	$\phi_L = \dfrac{R}{3}\sqrt{\dfrac{\rho_p kK}{D_{eA}}}\dfrac{KC_{AS}}{1+KC_{AS}}\sqrt{\dfrac{1}{2KC_{AS} - 2\ln(1+KC_{AS})}}$

は触媒有効係数がほぼ1と考えてよく，この領域は反応支配と考えてよい．ϕ が大きくなると η が減少し，$\phi>5$ では $\eta \cong 1/\phi$ の関係が成り立つ．この領域は拡散支配である．拡散支配の領域における触媒の総括反応速度 r_{AW}' は触媒有効係数 η を用いると次式で表わせる．

$$-r_{AW}' = -r_{AW}\eta = -r_{AW}/\phi \tag{19-13}$$

触媒反応が1次反応以外の場合に適用されるティレ数を表19-1に示す．球形粒子以外の形状の粒子を使用する場合には，ティレ数の $R/3$ を触媒粒子の（体積/表面積）比，(V_p/S_p) に置き換えて求める．例えば，直径が a で高さが b の円筒形の触媒粒子で側面だけが触媒活性であるとすると，$V_p/S_p=[(\pi/4)a^2b/\pi ab]=a/4$ となる．表19-1で示した各反応速度に対応したティレ数）を用いて（19-12）式より触媒有効有効係数を計算するか，図19-3を利用すると触媒有効係数を決定することができる．

19-3 ■触媒有効係数の推定法

(19-7) 式, (19-12) 式で示すように, 粒子の半径 R, 密度 ρ_p, 反応速度定数 k_AW, および粒子内の有効拡散係数 D_eA によって触媒有効係数は決定できる。しかしながら, 第18章で述べたように D_eA の評価は困難なので, 実験的に触媒有効係数 η を推定する必要がある。実験的には実際に使用する触媒を粉砕して, サイズの異なる触媒粒子を準備し, それぞれのみかけの反応速度 r_ap を測定する。図19-4に示すように触媒粒子半径 R を小さくしていき, みかけの反応速度が一定の値 r_ap0 となれば, このときの触媒有効係数 η は1なので, 半径 R_1 の触媒粒子の触媒有効係数は $\eta = r_\mathrm{ap1}/r_\mathrm{ap0}$ より推定できる。

半径の異なる2種類の触媒, 半径 R_1 と半径 R_2 の反応速度がそれぞれ r_ap1 と r_ap2 とすると, $\eta_1 = r_\mathrm{ap1}/r_\mathrm{ap0}$ と (19-7) 式から以下の関係が成り立つ。

$$\eta_2/\eta_1 = r_\mathrm{ap2}/r_\mathrm{ap1} \tag{19-14}$$
$$\phi_2/\phi_1 = R_2/R_1 \tag{19-15}$$

(19-14) 式, (19-15) 式と図19-3より触媒有効係数を推定する方法は, 以下の順序で行う。

(1) $\eta_1 > 0.2$ の条件で η_1 の値を仮定する。このとき拡散律速であれば $\eta_2/\eta_1 = \phi_1/\phi_2$ の関係が成り立ち, 有効係数を決定できない。
(2) (19-14) 式より η_2 を算出する。
(3) 図19-3より η_2 のときの ϕ_2 を求める。
(4) (19-15) 式より ϕ_1 を求める。
(5) 図19-3より ϕ_1 のときの η_1 を求める。
(6) (5)で求めた η_1 値と(1)で仮定した η_1 値を比較し, 両者が一致しなければ(1)から(6)までの過程を繰り返す。

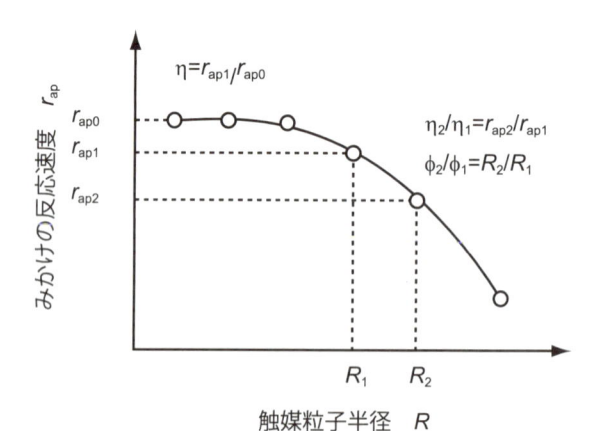

図19-4 触媒有効係数の推定法

19-4 ■触媒反応速度

触媒反応がA成分に対して1次反応で，反応支配の場合にはみかけの反応速度 r_{ap} は次式となる。

$$r_{ap} = -r_{AW} = k_{AW}C_{Ab} \tag{19-16}$$

図18-1で示す外部ガス境膜における物質移動速度 Q_g は，気固反応と同様に（17-22）式が成り立つ，ガス境膜の物質移動抵抗が大きい場合には，触媒外表面のA成分の濃度 C_{As} は0となり，1個の触媒粒子のみかけの反応速度 r_{ap} は（17-22）式の右辺を触媒粒子質量で除することで次式となる。

$$r_{ap} = Q_g/[(4/3)\pi R^3]\rho_p = (3/\rho_p R)k_g C_{Ab} \tag{19-17}$$

粒子内物質移動支配の場合には，触媒有効係数の定義からみかけの反応速度 r_{ap} は次式となる。

$$r_{ap} = k_{AW} C_{Ab}\eta \tag{19-18}$$

反応速度がA成分に対してn次反応であれば，表19-1のティレ数より $\eta=1/\phi$ の関係から（19-18）式を整理すると

$$r_{ap} \propto k_{An}^{1/2}D_{eA}^{1/2}C_{Ab}^{[(n+1)/2]} \tag{19-19}$$

の関係となる。したがって真の反応速度がA成分の0次，1次，2次反応の場合，みかけの反応速度はそれぞれ1/2次，1次，3/2次となる。また，この反応の活性化エネルギーが E で有効拡散係数の温度依存性が反応速度と同様にアレニウスの式で表わされ，有効拡散係数の活性化エネルギーを E_0 とすると，みかけの活性化エネルギー E_{ap} は

$$\begin{aligned} k_{An}^{1/2}D_{eA}^{1/2} &= k_{An0}^{1/2}\exp(-E/2RT)D_{eA0}^{1/2}\exp(-E_p/2RT) \\ &= k_{An0}^{1/2}D_{eA0}^{1/2}\exp[-(E+E_D)/2RT] \end{aligned} \tag{19-20}$$

から

$$E_{ap} = (E+E_D)/2 \tag{19-21}$$

となる。触媒反応の活性化エネルギー E に比べて拡散の活性化エネルギー E_D は小さいので，$E \gg E_D$ となり，拡散律速の場合には真の活性化エネルギーの半分の値が実測される。

19-5 ■固定層触媒反応器の設計

固定層触媒反応器では軸方向の混合拡散の影響が小さいので押し出し流れを仮定し，気体と触媒粒子間で濃度差，温度差が小さく等温で均一相として取り扱う。この場合，均一系における物質収支式が適用できる。

$$F_{A0}\frac{dx_A}{dV} = (-r_A) \tag{19-22}$$

（19-22）式の均一系の反応速度 r_A は反応器容積あたりの反応速度であり，これを本章で扱う触媒質量基準の反応速度 r_{AW} に変換する。そこで固定層に充てんした触媒質量／反応器容積で定

義したみかけの密度 ρ_b [kg-触媒/m³-反応器] を用いると次式の関係が成り立つ。

$$-r_A = (-r_{AW})\rho_b \tag{19-23}$$

19-4 の中で述べた反応支配の場合には (19-16) 式の反応速度式を用いると

$$C_A/C_{A0} = \exp(-k_{AW}\rho_b\tau) \tag{19-24}$$

となる。粒子内拡散支配の場合には (19-18) 式の反応速度式を用いれば，触媒有効係数 η を含む次式となる。

$$C_A/C_{A0} = \exp(-k_{AW}\rho_b\eta\tau) \tag{19-25}$$

ガス境膜拡散支配では (19-17) 式より

$$C_A/C_{A0} = \exp[-(\rho_b/\rho_p)3k_g\tau/R] = \exp[-3(1-\varepsilon)k_g\tau/R] \tag{19-26}$$

となる。ここで ε は固定層の**空間率**である。

各律速反応におけるみかけの反応速度と，固定層反応器の出口濃度を表 19-2 に示す。

表 19-2 みかけの反応速度と，固定層反応器の出口濃度

	反応速度支配	粒子内物質移動支配	境膜物質移動支配
みかけの反応速度	$r_{ap} = k_{AW}C_{Ab}$	$r_{ap} = k_{AW}C_{Ab}\eta$	$r_{ap} = (3/\rho_p R)k_g C_{Ab}$
固定層反応器の出口濃度	$C_A/C_{A0} = \exp(-k_{AW}\rho_b\tau)$	$C_A/C_{A0} = \exp(-k_{AW}\rho_b\eta\tau)$	$C_A/C_{A0} = \exp[-3(1-\varepsilon)k_g\tau/R]$

ただし $\varepsilon_A = 0$ とする。

第20章 触媒劣化の反応工学

　工業操作で触媒反応を続けると，触媒表面上への炭素の析出や触媒**活性点**への不可逆吸着による**触媒被毒（Catalyst poisoning）**などの作用により**触媒活性（Catalyst activity）**が低下する。これを**触媒劣化（Catalyst Deactivation）**と呼ぶ。触媒劣化は瞬間的に起こる場合もあるし，長期間を経て次第に活性低下する場合もある。工業操作では一定期間毎に触媒の交換や**触媒再生（Catalyst regeneration）**の操作が必要となる。第19章までは定常状態における反応解析や反応器設計について説明をしてきたが，本章では触媒劣化に伴う非定常操作における反応工学について述べる。

20-1 ■ 触媒劣化機構

　触媒劣化の原因としては，図20-1に示すように物理的な触媒の変化と化学的な触媒の変化に分類される。物理的な触媒の変化では触媒反応の外的条件，特に高温操作に伴う**シンタリング（Catalyst sintering）**が活性劣化の原因となる。固体触媒の多くは多孔質材料であり，加熱によって構造変化が起こり，それにより細孔径が増大する。その結果，比表面積の減少が原因となり活性が低下する。また，多孔質材料表面に活性点となる金属微粒子を担持した触媒の場合には，加熱により金属微粒子が凝集することで有効比表面積が減少する。固定層反応器を用いて定常的に触媒反応を行っていても，局所的に温度が上昇する箇所（ホットスポット）が生じ，そこにある触媒はシンタリングによる劣化を引き起こす。

　化学的な触媒の変化の一つとしては，触媒表面上への被毒物質の吸着により，触媒反応に関与する活性成分の吸着がさまたげられるので反応速度が低下する。もう一つは触媒反応の多くは有機反応であるために，反応の進行と共に，触媒表面上に炭素分の多い炭化水素化合物であるコークが蓄積するための活性劣化であり，これを**コーキング（Coking）**と呼ぶ。化学的な触媒劣化の原因となる強吸着物質やコークは反応物から並列反応や逐次反応によって生成する場合や，原料の不純物の反応によって生成することがある。

第20章 触媒劣化の反応工学

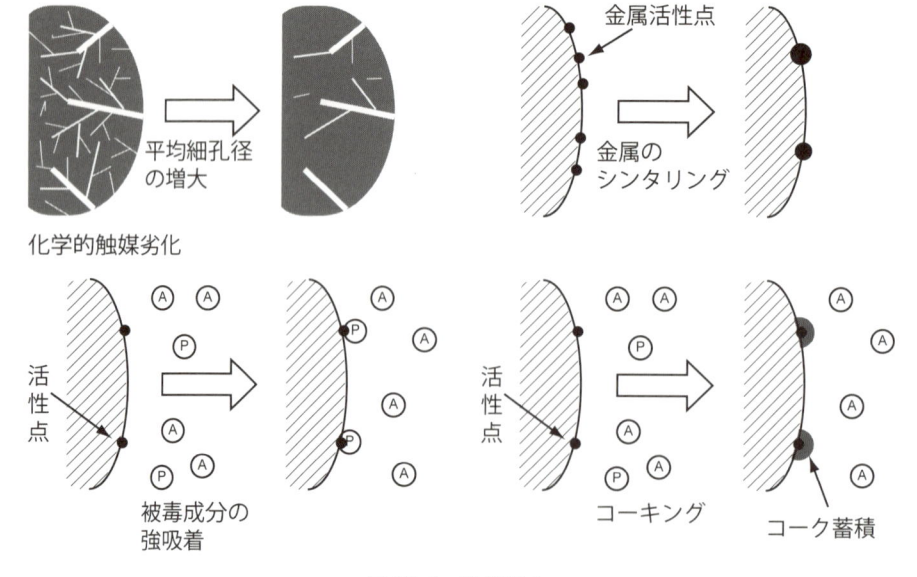

図 20-1 触媒劣化

20-2 ■触媒劣化時の反応速度

触媒が時間と共に劣化するので、劣化時の反応速度式を記述するために、次式で示す触媒の活性度 a を定義する。

$$a = \frac{\text{一定時間反応後の A の反応速度}}{\text{触媒反応における A の初期反応速度}} = \frac{-r_{AW}'}{-r_{AW}} \tag{20-1}$$

触媒反応が n 次反応とすると、初期反応速度 $(-r_{AW})$ は次式となり

$$-r_{AW} = kC_A^n \tag{20-2}$$

反応時間 t を経過した後の反応速度 $(-r_{AW}')$ は次式で表わされる。

$$r_{AW}' = kC_A^n a \tag{20-3}$$

1個の触媒粒子について触媒活性の時間変化 (da/dt) は、化学的な触媒劣化の場合、触媒活性に加えて触媒を被毒する原因物質の濃度 C_i に影響されるので、一般的には以下の式で表わすことができる。

$$-da/dt = k' C_i^M a^N \tag{20-4}$$

物理的な触媒劣化に関しては、成分濃度に比べて物理的な因子の影響が大きいとすると

$$-da/dt = k'' a^N \tag{20-5}$$

N が 0, 1 および 2 のときに a はそれぞれ

$$a = 1 - k''t \quad (N = 0) \tag{20-6}$$

$$a = \exp(-k''t) \quad (N = 1) \tag{20-7}$$

$$a = 1/(1+k''t) \quad (N = 2) \tag{20-8}$$

となる。ここで $k''=k'$ あるいは $k' C_i^M$ である。触媒劣化は，その原因が複数存在する場合や時間的に劣化の原因が変化するなど複雑であるために，活性と反応時間との関係については経験的にいくつかの式が提案されている。また，多孔質触媒の構造変化に伴う細孔径の減少による劣化については，反応開始後の一定期間に起こり，その後の触媒活性は一定な場合がある。

(20-6) 式から (20-8) 式で示された触媒活性 a の関数を (20-4) 式あるいは (20-5) 式に代入することで，反応時間 t を経過した後の反応速度式を推定することができる。

20-3 ■ 固定層触媒反応器の設計

第 19 章と同様に固定層触媒反応器内は押し出し流れを仮定し，等温で均一相とすると，以下の物質収支式が適用できる。

$$F_{A0}\frac{dx_A}{dV} = (-r_{AW})\rho_p \tag{20-9}$$

触媒反応は A 成分の 1 次反応とし，触媒劣化について (20-7) 式を適用して，これを (20-3) 式に代入すると

$$-r_{AW} = k\exp(-k''t)C_A \tag{20-10}$$

反応速度を物質収支式に代入して積分すると

$$\frac{C_A}{C_{A0}} = \exp[-k\rho_p\tau e^{-k''t}] \tag{20-11}$$

触媒劣化が気体成分の濃度に無関係な場合には，表 20-1 に示すように反応速度の解析解が得られる。触媒劣化時の反応器出口における反応率 x_A の経時変化を図 20-2 に示す。

表 20-1　触媒劣化時の活性と反応率

	0 次反応 (N=0)	1 次反応 (N=1)	2 次反応 (N=2)
活性	$a = 1 - k't$	$a = \exp(-k't)$	$a = \dfrac{1}{1+k't}$
反応率	$(1-x_A) = e^{-k\rho_p\tau(1-k't)}$	$(1-x_A) = e^{-k\rho_p\tau\exp(-k't)}$	$(1-x_A) = e^{-k\rho_p\tau/(1+k't)}$

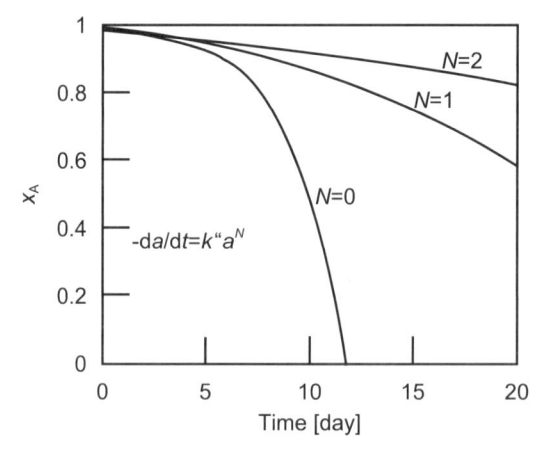

図20-2 触媒劣化時の反応器出口における反応率
($k\rho_p \tau = 5$, $k'' = 10^{-6}\,\mathrm{s^{-1}}$ で計算)

演習問題 —第17章～第20章—

1 1気圧で50％のCO_2を含む気体を用い，CO_2を水あるいは$200\,mol\cdot m^{-3}$ NaOH水溶液に吸収させた。以下に示すCO_2とNaOHとの反応は，この条件では瞬間反応である。

$$CO_2 + 2\,NaOH \longrightarrow H_2O + Na_2CO_3$$

以下の問いに答えよ。

(1) CO_2の水への吸収は液側物質移動支配となる。体積基準の吸収速度（物質移動速度）$[mol\cdot m^{-3}\cdot s^{-1}]$ はいくらか。ただし $k_La = 0.01\,s^{-1}$, $H = 5000\,Pa\cdot m^3\cdot mol^{-1}$ である。

(2) NaOH水溶液への吸収速度は，水への吸収速度の何倍か。ただし $k_ga = 3\times 10^{-4}\,mol\cdot m^{-3}\cdot s^{-1}$, $D_A = 1.5\times 10^{-9}\,m^2\cdot s^{-1}$, $D_B = 2.5\times 10^{-9}\,m^2\cdot s^{-1}$ である。

2 半径6 mmの球状固体粒子を用いて気固反応 $A(g)+B(s) \longrightarrow D(s)$ を行う。本反応は未反応核モデルを適用することができる。以下の問いに答えよ。

(1) 反応時間5分で未反応核の半径が4.9 mmとなり，反応完結時間は50分であった。反応の律速過程は何であるか。

(2) この反応は圧力101.3 kPa，温度1200 Kで，気体中のA成分のモル分率は0.21，固体粒子のモル密度は$3\times 10^4\,mol\cdot m^{-3}$のとき，生成物層内のA成分の有効拡散係数 D_{eA} を求めよ。

3 内径10 cmの管型反応器に直径2 mmの球状触媒粒子を充填して$800\,cm^3\cdot s^{-1}$の流量で気体を流した。反応気体の密度は$0.7\,kg\cdot m^{-3}$，粘度$3\times 10^{-5}\,Pa\cdot s$，反応成分の拡散係数を$1\times 10^{-5}\,m^2\cdot s^{-1}$とすると，濃度基準のガス境膜物質移動係数 $k_c[m\cdot s^{-1}]$ はいくらか。

4 気固触媒反応 $A \to R$ はA成分の1次反応である。半径3 mmおよび半径5 mmの球状触媒粒子を用いてこの反応を行ったところ，反応速度定数がそれぞれ1.8×10^{-3}および$1.2\times 10^{-3}\,mol\cdot kg^{-1}\cdot s^{-1}$となった。触媒有効係数はいくらか。

5 気固触媒反応 $A \to R$ はA成分の1次反応である。この反応を固定層反応器で行った。粒子の半径が3 mmの固体触媒を充填したとき反応率が0.7であった。次に半径5 mmの固体触媒を同じ空間率で充填した時の反応率を求めよ。ただし，反応は粒子内拡散支配であり，反応条件は同じとする。

ヒントと解答

第1章〜第4章

1 答：$-r_A = r_1 + r_2$, $-r_B = 2r_1$, $r_R = r_1 - r_2$, $r_S = 2r_2$

2 ヒント：例題 3-3 を参考
答：$-r_A$ は $60\text{ mol·m}^{-3}\text{·s}^{-1}$, $-r_B$ は $120\text{ mol·m}^{-3}\text{·s}^{-1}$

3 ヒント：(3-10) 式を用いて 248℃における式（式①）と 352℃における式（式②）を得る。
ヒント：式②の左辺−式①の左辺＝式②の右辺−式①の右辺の関係から，k_0 を消去し，これより活性化エネルギーを求める。
ヒント：温度［℃］は絶対温度「K」にする。
答：頻度因子 918 s^{-1}, 活性化エネルギー 85.8 kJ·mol^{-1}

4 (1) ヒント：充てんした全触媒質量（W=1120 kg）の生産量［mol·s^{-1}］を求め，これを反応器の容積で除する。
答：$-r_{AV} = 1.12 \times 10^5\text{ mol·m}^{-3}\text{·s}^{-1}$

4 (2) ヒント：全触媒質量と触媒の密度から全触媒体積を求める。
ヒント：触媒 1 個の体積 $(4/3)\pi(d_p/2)^3$ と表面積 $4\pi(d_p/2)^2$ の関係から，質量当たりの表面積（比表面積）は $6/d\text{ [m}^{-1}]$ となるので，全触媒体積と比表面積の積から全触媒表面積を求める。
答：$-r_{AS} = (1.12 \times 10^5)/(1.68 \times 10^3) = 66.6\text{ mol·m}^{-2}\text{·s}^{-1}$

5 ヒント：$1/C_A$ の値を横軸に，$1/(-r_A)$ の値を縦軸にプロットする。
ヒント：傾きが $1/k$, 切片が K/k
答：反応速度定数 $6.7 \times 10^{-6}\text{ s}^{-1}$, 平衡定数 $0.028\text{ m}^3\text{·mol}^{-1}$

第5章〜第8章

1 (1) ヒント：(5-4) 式を用いる。
答：反応率 $x_A = 0.6$

(2) ヒント：(5-10) 式を用いる。
答：収率 $y_R = 0.35$

(3) ヒント：(5-13) 式を用いる。

ヒントと解答

    答 ：選択率 $s_R = 0.583$

2 ヒント：(6-19) 式を用いて ε_A を求める。

   ヒント：(6-29) 式から (6-33) 式を用いる。

   答 ：$C_A = 457\ \text{mol} \cdot \text{m}^{-3}$, $C_B = 800\ \text{mol} \cdot \text{m}^{-3}$, $C_C = 343\ \text{mol} \cdot \text{m}^{-3}$

3 (1) ヒント：(6-23) 式を用いる。

   答 ：反応器内の圧力 103925 Pa

 (2) ヒント：定温定圧における各成分の濃度は (6-29) 式から (6-33) 式

   答 ：反応速度式 $-r_A = 100k(1-x_A)(1-0.5\ x_A)/(1-0.4\ x_A)^2$

4 (1) ヒント：反応によって消失した成分 B の濃度から，反応終了時の成分 A の濃度を得る。

   答 ：反応率 0.6

 (2) ヒント：液相反応の濃度変化は (6-7) 式から (6-11) 式

   答 ：A の濃度 $400\ \text{mol} \cdot \text{m}^{-3}$，B の濃度 $1800\ \text{mol} \cdot \text{m}^{-3}$，C の濃度 $600\ \text{mol} \cdot \text{m}^{-3}$，D の濃度 $1600\ \text{mol} \cdot \text{m}^{-3}$

5 (1) ヒント：オクタンの燃焼の化学反応式は

   $C_8H_{18} + (25/2)O_2 \longrightarrow 8\ CO_2 + 9\ H_2O$

   ヒント：C，H，O の原子量はそれぞれ 12，1，16 よりオクタンと二酸化炭素の分子量を求める。

   答 ：二酸化炭素発生量 3.09 kg

 (2) ヒント：完全燃焼すると反応後にはオクタンは消失し，燃焼排ガスには N_2，O_2，CO_2，H_2O が含まれる。

   答 ：酸素 11.8％，窒素 77.8％，二酸化炭素 10.4％

6 ヒント：8-1 の半回分操作について物質収支をとる。

   ヒント：蓄積速度と反応による消失速度の体積を時間の関数（$V(t) = V_0 + vt$）とする。

   答 ：$C_{A0}v = (V_0 + vt)[(dC_A/dt) + kC_A]$

第 9 章〜第 12 章

1 ヒント：表 9-1 に示す回分反応器で液相 2 次反応を行ったときの濃度と時間の関係を用いる。

   答 ：反応速度定数 $5.75 \times 10^{-7}\ \text{m}^3 \cdot \text{mol}^{-1} \cdot \text{s}^{-1}$

2 (1) ヒント：(9-9) 式を用いる。

   答 ：反応時間 1145 s

 (2) ヒント：反応前には A 成分だけが含まれているとき，$C_C = C_{A0} - C_A$ を代入して，式を整理し，(9-5) 式に代入する。

   答 ：反応時間 1386 s

3 (1)　ヒント：管型反応器における反応率と空間時間との関係は表10-1で液相反応なので $\varepsilon_A=0$ として $k\tau$ を求める。

　　　ヒント：$k\tau$ の値を連続槽型反応器の設計方程式（表11-1）に代入する。

　　　答　：反応率　0.7

(2)　ヒント：$x_A=0.9$ の場合と $x_A=0.99$ の場合の空間時間 t を比較する

　　　答　：流量を1/2にする。

4 (1)　ヒント：図12-1を作成したときと同様に x_A を横軸に $C_{A0}/(-r_A)$ を縦軸としてデータをプロットする。

　　　ヒント：$x_A=0.6$ までの図積分を行う。

　　　答　：反応器体積　2.73 m^3

(2)　答　：反応器体積　2.09 m^3

5　　ヒント：表11-1で液相反応なので $\varepsilon_A=0$ として $k\tau$ を求め，(11-13) 式より反応率を計算する。

　　　答　：A成分の出口濃度　440 mol·m^{-3}

6 (1)　ヒント：気体の状態方程式 $P=CRT$ を利用する。

　　　答　：A成分の初濃度　24.1 mol·m^{-3}

(2)　ヒント：(6-19) 式より

　　　答　：$\varepsilon_A=0.6$

(3)　ヒント：表10-1を用いる。

　　　答　：流量　3.2×10^{-4} m^3·s^{-1}　(0.32 L·s^{-1})

第13章〜第16章

1 (1)　ヒント：表9-1の0次反応で $x_A=0.5$ のときの時間を求める。

　　　答　：反応時間　5000 s

(2)　ヒント：(9-9) 式で $x_A=0.5$ のときの時間を求める。

　　　答　：反応時間　693 s

2　　ヒント：表9-1の2次反応の式から求める。

　　　答　：反応速度定数　$k=3.84\times10^{-6}$ m^3·mol^{-1}·s^{-1}

3 (1)　ヒント：正確に接線を引き，その傾きから反応速度を求める。

　　　答　：反応速度は815 s で0.58 mol·m^{-3}·s^{-1}, 1270 s で0.37 mol·m^{-3}·s^{-1}, 1930 s で0.18 mol·m^{-3}·s^{-1}

(2)　ヒント：図13-2を参考にする。

　　　答　：反応次数　2

(3)　答　：反応速度定数　6.26×10^{-7} m^3·mol^{-1}·s^{-1}

4 (1)　ヒント：与えられた式を時間で微分する。
  (2)　ヒント：微分値＝0で極大値をとる。
　　　答　：収率　0.41
5 (1)　ヒント：(15-27) 式より平均値を求め，次に (15-28) 式より分散を求める。
　　　答　：平均値　760 s，分散　118400 s^2
  (2)　ヒント：(15-25) 式を用いる。
　　　答　：$D/uL = 0.116$
6 (1)　ヒント：物質収支を示す (16-27) 式より槽内温度 T を求める。
　　　答　：槽内温度　419.4 K
  (2)　ヒント：断熱反応器なので $U=0$ として熱収支式 (16-24) 式から流入温度 T_0 を求める。
　　　答　：流入温度　$T_0 = 347.4$ K

第 17 章 〜 第 20 章

1 (1)　ヒント：反応のないときの吸収速度は (17-19) 式の $C_B=0$ とする。また，(17-18) 式の $k_g=\infty$ として $K_G=k_1/H$ とする。
　　　答　：吸収速度　0.101 mol·m^{-3}·s^{-1}
  (2)　ヒント：同様に (17-18) 式，(17-19) 式を用いる。
　　　答　：17.6 倍
2 (1)　ヒント：(17-30) 式より反応率 x_B を求める。
　　　ヒント：反応完結時間を t^* として反応率 x_B と無次元反応時間 t/t^* との関係を示す図 17-6 より律速過程を決める
　　　答　：生成物層内拡散支配
  (2)　ヒント：表 17-1 から D_{eA} を決定する。
　　　答　：$D_{eA} = 2.8 \times 10^{-5}$ m^2·s^{-1}
3　　ヒント：流量を流速にして (18-7) 式よりレイノルズ数を求める。
　　　ヒント：同様に (18-7) 式よりシュミット数を求める。
　　　ヒント：(18-6) 式よりシャーウッド数を求め，(18-7) 式を用いて境膜物質移動係数を決定する。
　　　答　：境膜物質移動係数　$k = 0.033$ m·s^{-1}
4　　ヒント：19.3 触媒有効係数の推定法を参考にする。
　　　答　：3 mm の粒子の有効係数 0.5，5 mm の粒子の有効係数 0.33
5　　ヒント：粒子内拡散支配では反応率と空間時間との関係は (19-25) 式より導かれるので，これより $k_{AW}\rho_b\tau$ を決定する。

ヒント：粒子内拡散支配では 19-2 で記述したように $\eta=1/\phi$ の関係がある．また，(19-15) 式に $\eta=1/\phi$ を代入すると，$\eta_1/\eta_2=R_2/R_1$ である．

答　：反応率 $x_{A2}=0.51$

索 引

ア 行

アスペクト比　2,4
アレニウス式　15
アレニウスプロット　16

インパルス応答　75
異相系反応器　3
移動層　3,5

エネルギー収支　83
エンタルピー　83
液境膜物質移動係数　94

応答曲線　77
押し出し流れ　40,43,51

カ 行

ガス境膜内拡散支配　99
ガス境膜物質移動　98
ガス境膜物質移動係数　94
回分操作　1,40
回分反応器　1,40,47
化学量論　8
　―係数　8
可逆反応　9,72
活性化エネルギー　16
活性点　20,113
管型反応器　1,41,51
完全混合流れ　40,43,48,56

気相析出法　97
気泡塔　3
吸着　20
吸着平衡定数　20
吸熱反応　11
境膜　93
均一反応　10,18
均相系反応器　2

クヌッセン拡散　103
　―係数　104
空間時間　53
空間率　19,104,112
屈曲係数　104
限定反応成分　12,24

コーキング　114
酵素　21

高速流動層　5
構造体触媒　4
固体触媒　4,101
固定層　3,4
混合拡散係数　78
混合拡散モデル　74,78

サ 行

細孔　103

シャーウッド数　103
シュミット数　103
シンタリング　114
収支　28,34
収率　24,26
主生成物　26
充填塔　3
瞬間反応　96
循環流動層　5
触媒　1
　―活性　113
　―再生　113
　―反応　20,101
　―被毒　113
　―有効係数　106,108
　―劣化　113

スケールアップ　6
スプレー塔　3
数値積分法　59
数値流体解析　39

生成物層内拡散支配　99
生成物層内物質移動　98
設計方程式　47
積分反応器　67
選択率　24,26

槽型反応器　1
総括伝熱係数　84
総括物質移動係数　96
層流　39
槽列モデル　74,81

タ 行

体積流量　25
滞留時間　53,74
　―分布関数　74

多孔質材料　103
脱着　20
単位操作　6
単一反応　9
断熱操作　85

チャネリング　39
逐次反応　9,71
逐次・並発反応　9
蓄積速度　34

ティレ数　107
デッドボリューム　39
定圧系　31
定圧モル熱容量　84
定常状態　34
定容系　31

等温反応操作　11
トレーサー応答法　74

ナ 行

ナンバリングアップ　6

ぬれ壁塔　3

熱収支　83

ハ 行

パイロットプラント　7
八田数　96
発熱反応　11
半回分操作　42
反応速度　12,13
　―式　12,14
　―定数　12,14
反応熱　84,85
反応物　8
反応率　24

ピストン流れ　40
非定常状態　35
非等温　83
　―回分反応器　84
　―管型反応器　86
　―連続槽型反応器　87
　―反応器　83
　―反応操作　11

索引

比表面積　103
表面反応支配　99
微分反応器　67
頻度因子　16

不可逆反応　10
不均一反応　10,18
複合反応　9,69
副生成物　26
物質移動　3,92
物質収支　34
物質量流量　25
分散　79
分子拡散　43,93,103
　—係数　79
噴流層　5

ヘンリーの法則　94
平均自由行程　103
平均滞留時間　77
平均値　79
平均比熱容量　84
平衡　10

一定数　10
並列反応　9,69

マ 行

マイクロリアクター　6
マクロ孔　103
膜型反応器　6

ミカエルス定数　21
ミカエルス—メンテンの式　21
ミクロ孔　103
未反応核モデル　97

無機膜　6
無次元時間　77

メソ孔　103

ヤ 行

有効拡散係数　104
有効係数　108

ラ 行

ラングミュアの吸着等温式　20
ラングミュア-ヒンシェルウッド式　20
ラングミュア-ヒンシェルウッド型の式　101
乱流　39

理想気体の状態方程式　15
理想流れ　43
律速過程　99
流束　93
流通反応器　3
流動層　3,4

レイノルズ数　39
連続槽型反応器　2,41,56
連続操作　1,40
連続反応器　3

著者略歴

草壁　克己
1982年　九州大学大学院工学研究科博士後期課程修了
現　職　崇城大学工学部教授
　　　　工学博士

増田　隆夫
1981年　京都大学大学院工学研究科修士課程修了
1982年　京都大学大学院工学研究科博士後期課程中退
現　職　室蘭工業大学理事・副学長
　　　　工学博士

反　応　工　学
（はんのうこうがく）

2010年3月10日　初版第1刷発行
2025年3月15日　初版第9刷発行

　　　　　　　　　© 著　者　草　壁　克　己
　　　　　　　　　　　　　　増　田　隆　夫
　　　　　　　　　　発行者　秀　島　　　功
　　　　　　　　　　印刷者　入　原　豊　治

発行者　三共出版株式会社
郵便番号 101-0051
東京都千代田区神田神保町3の2
振替 00110-9-1065
電話 03-3264-5711　FAX 03-3265-5149
https://www.sankyoshuppan.co.jp/

一般社団法人 日本書籍出版協会・一般社団法人 自然科学書協会・工学書協会　会員

Printed in Japan　　　　　　印刷・製本　太平印刷社

JCOPY〈(一社)出版者著作権管理機構　委託出版物〉
本書の無断複写は著作権法上での例外を除き禁じられています．複写される場合は，そのつど事前に，(一社)出版者著作権管理機構（電話03-5244-5088，FAX 03-5244-5089, e-mail: info@jcopy.or.jp）の許諾を得てください．

ISBN978-4-7827-0601-5